全国高等医药院校药学类实验教材

化工原理实验

（第二版）

主　编　礼　彤
主　审　周丽莉
编　者　（以姓氏笔画为序）
王立红　礼　彤　赵宇明

中国健康传媒集团
中国医药科技出版社

内 容 提 要

本书为“全国高等医药院校药学类实验教材”之一。全书分为4章：第一章为基础实验，第二章为综合性与演示性实验，第三章为实验误差分析与数据处理，第四章为化工参数的测量与常用仪器仪表的使用。通过实验课程的学习，使学生能运用已学的知识验证一些结论、结果和现象，或综合运用已学的理论知识设计实验，有助于培养学生对理论知识的运用能力、实验操作能力、仪器仪表的使用能力、实验现象的观察分析能力以及实验数据的处理分析能力。

本书供高等医药院校药学类专业使用，也可作为相关专业的实验教学参考书及企业培训教材使用。

图书在版编目（CIP）数据

化工原理实验/礼彤主编．—2版．—北京：中国医药科技出版社，2019.2
全国高等医药院校药学类实验教材
ISBN 978－7－5214－0791－4

Ⅰ.①化…　Ⅱ.①礼…　Ⅲ.①化工原理－实验－医学院校－教材　Ⅳ.①TQ02－33

中国版本图书馆CIP数据核字（2019）第026849号

美术编辑　陈君杞
版式设计　郭小平

出版　**中国健康传媒集团**｜中国医药科技出版社
地址　北京市海淀区文慧园北路甲22号
邮编　100082
电话　发行：010－62227427　邮购：010－62236938
网址　www.cmstp.com
规格　787×1092mm 1/16
印张　6¾
字数　134千字
初版　2014年12月第1版
版次　2019年2月第2版
印次　2019年2月第1次印刷
印刷　北京市密东印刷有限公司
经销　全国各地新华书店
书号　ISBN 978－7－5214－0791－4
定价　19.00元

全国高等医药院校药学类规划教材常务编委会

前　言

化工原理是工程类课程中重要的专业基础课之一，是医药院校工学学士必备的基础知识，化工原理实验作为在学习化工原理理论课的基础上进行的一个实践性环节，在该课程中占有相当重要的地位。因为理论课所涉及的化工单元操作的基本原理、典型设备构造及工艺尺寸设计、选型等内容和方法，均与实验研究紧密相联，实验要求学生运用已学的知识验证一些结论、结果和现象，或综合运用已学的理论知识设计实验，或进行综合性实验，有助于学生对课堂基本概念、理论公式等的理解，同时训练和培养学生对理论知识的运用能力、实验操作能力、仪器仪表的使用能力、实验现象的观察分析、实验数据的处理和分析能力。随着制药工业的飞速发展，新技术、新设备不断出现，为适应新形势的发展要求，也应加强学生实践环节、创造性和独立工作能力的培养，为将来打下一定的实验科研基础。

本教材是以化工单元操作实验研究中常用的基础技术为主要内容，结合实际应用编写而成，主要包括管道阻力、离心泵性能、液体精馏、气体吸收、固体干燥、液－液萃取等验证性实验。在新型技术方面设立了超临界流体萃取、喷雾干燥等实验，并设置了设计性和综合实验，充分发挥学生的主动性、主体性，让学生去创造、去设计实验并进行实验验证。为增加学生的感性认识，加强对课堂内容的理解记忆，开设了演示实验。随着科学技术的发展，为顺应计算机的应用需求，开设了计算机数据采集的综合性实验。在第一版《化工原理实验》的基础上，对已经陈旧的知识、数据进行了更新，主要体现在实验五填料塔的气体吸收，实验六筛板塔连续精馏过程。

本教材由沈阳药科大学的周丽莉教授担任主审，参加编写工作的有王立红（实验一至实验四），礼彤（绪论、实验五至实验十四、第三章及附录），赵宇明（第四章以及第一章和第二章中的插图绘制）。

成书过程中，沈阳药科大学教务处给予了大力支持和严格把关，在此表示诚挚的谢意。对书中所引用文献资料的作者和单位，谨表示衷心感谢。

由于编者的水平有限，加之时间仓促，书中不妥之处在所难免，衷心希望各位老师和同学提出批评和改进意见，使之能及时得到修正和补充。

编者
2018 年 12 月

contents

目 录

绪　论

化工原理实验是一门教学实践性很强的专业基础课程，与化工原理课堂教学、实习、化工设计等教学环节相互衔接，构成一个有机整体，涵盖了动量传递、热量传递、质量传递及化学反应工程等方面的教学内容，是医药院校工学学士必备的专业基础知识，为学生今后在实际工作中从事制药设备选型与设计、制药过程改造、车间设计和科学研究奠定理论基础，但与其他基础实验不同，化工原理实验属于工程实验范畴，面对的是错综复杂的工程问题，涉及诸多的影响因素和大小各异的设备与流程。开设化工原理实验课程，可以对学生进行工程技术的基础技能、研究工程问题的思维方法以及创新能力进行综合素质训练，加深对化学工程基本原理和基本概念的理解，提高分析问题和处理解决实际问题的能力，为今后实际工作打下良好的基础。

一、化工原理实验课程的教学目的

化工原理实验作为化学工程基础课程的重要组成部分，是理论联系实际的重要环节，通过实验达到如下目的。

1. 巩固和强化相关理论知识学习　通过实验课程，验证各化工单元操作过程的机理、规律，巩固和强化在化工原理课程中所学的基本理论，使学生对基本原理、各种参数的来源以及使用范围等有更深入地理解和认识；熟悉典型单元操作的工艺流程和设备，以及化工常用仪器仪表的使用；掌握工程实验的一般方法和技巧，如操作条件的确定、实验操作、测试仪表的选择、数据采集和故障分析等。

2. 培养学生从事实验研究的能力　理工科高等院校的毕业生，应具备一定的实验研究能力，主要包括：为完成一定的研究课题，收集组织相关文献和信息，设计实验方案的能力；进行实验，观察和分析实验现象的能力；正确选择和使用测量仪表的能力；利用实验的原始数据进行数据处理以及获得实验结果的能力；运用文字编写技术报告的能力等。通过一定的实验练习和反复训练，学生掌握各种实验能力，为将来在实际工作中独立地进行新实验和科研开发打下一定的基础。

3. 培养学生严谨求实的作风　化工原理实验研究是实践性很强的工作，要求学生具有一丝不苟的工作作风和严肃认真的工作态度，从实验操作、现象观察、实验观测到数据记录和处理等各个环节都不能丝毫马虎，必须实事求是，不能有半点虚假。

总之，实验教学对于学生的培养是不容忽视的，对学生动手和解决实际问题能力的锻炼是书本无法代替的。

二、化工原理实验课程的教学要求

化工原理实验设备较大，实验装置的控制点较多，操作比较复杂，要求学生必须以严谨的科学态度和实事求是的作风，明确实验目的，认真进行实验预习、数据记录、实验设计，完成实验报告，做好每个实验以达到实验的预期目的，切实收到教学效果。

1. 实验预习 预习是实验教学的关键环节。实验前，学生必须认真地研读实验指导书，清楚地了解实验目的、要求、原理及注意事项，对于实验所涉及的测量仪表也要预习它们的使用方法；在独立思考和小组讨论的基础上拟定实验方案，明确实验中应测取的数据，并预估实验数据变化规律或范围；最后在预习的基础上写出实验预习报告，内容主要包括实验目的、原理、装置流程、实验步骤及注意事项等，最好能结合实验指导教材进行现场了解，做到心中有数，经指导教师提问检查认可后方可进行实验。

2. 实验操作 实验操作是实验教学的核心环节，是学生动手动脑进行训练的重要过程，通过操作学生可理解和领会各单元操作的设备和流程，了解如何实现过程的优化，分析非正常现象产生的原因并研究可能采取的措施。

实验过程中，学生必须要严格按照操作规程进行，注意要安排好测量点的范围，测量点数目，密切注意仪表示数的变化，调节时应细心、操作平稳，一定要在过程稳定后才能取样或读取数据。对于实验过程中的现象要仔细观察，不能只顾操作和读数，培养勤于观察和善于观察的习惯，因为实验现象往往与过程的内在机制、规律密切相关。实验数据要如实记录在预先拟好的原始数据表格内，并注明符号、单位、条件等，实验现象也要尽量详细地记录在记录本内，有些当时不能理解的实验现象，重复进行一遍仍然如此，须如实记录。待实验结束后，与老师或其他同学一起认真讨论异常现象发生的原因，及时发现问题并解决问题，或者对现象做出合理的分析解释，培养学生严谨的科学作风，养成良好的习惯。实验结束后，按操作规程关闭实验仪器设备，检查水、电、气关闭情况，做好卫生工作后方可离开。

3. 实验报告 实验报告是对实验进行总结的技术文件，是学生用文字表达技术资料的一种训练，学生对实验报告必须给予足够的重视，学会用准确的图形、科学的数字和观点来书写报告。训练编写实验报告的能力，为今后写好研究报告和科研论文打好基础。

实验报告的基本要求是表达准确、简洁、条理清楚、书写工整。实验结束后，实验数据可以小组共享，但数据的处理和报告的编写，必须每个学生独立完成。实验报告是考核实验成绩的主要方面，应认真对待。实验报告内容可在预习报告的基础上完成，主要包括以下内容。

（1）报告的题目（要简明确切）。

（2）报告人及同组人员的姓名。

（3）实验的目的、理论依据。

（4）实验设备说明（应包括流程示意图和主要设备、仪表的类型及规格），操作要领和操作步骤。

（5）实验数据记录（应包括与实验结果有关的全部数据）。

（6）数据整理及计算示例。引用的数据最好注明来源，要列出一次数据的计算过程，作为计算示例，其余数据可列表，同一小组成员应采用不同的实验数据，不要重复。

（7）实验结果。要根据实验任务明确提出本次实验的结论，用图示法、经验公式或列表法表示，并注明实验条件。

（8）分析讨论。要对实验结果作出评价、分析误差大小及原因，并对实验中发现的问题进行讨论，对实验方法、实验设备有何改进建议也可写入此栏。

（9）回答思考题。在每一个实验后面都附有思考题，旨在加深学生对实验原理的理解，要求学生结合实验并查阅有关资料认真回答。

第一章 基础实验

实验一 流体流动阻力的测定

【实验目的】

1. 掌握管件、阀门等局部阻力系数 ζ 的测定方法，了解影响局部阻力系数的因素。

2. 掌握双对数坐标系的用法。

3. 熟悉测定流体流经直管和管阀件时阻力损失的实验组织方法及测定摩擦系数的工程意义。

4. 了解涡轮流量计、差压变送器的工作原理及其标定方法，熟悉组成管路中的各个管件、阀门及其作用。

5. 测定光滑直管及粗糙直管的摩擦系数 λ，并掌握摩擦系数 λ 与雷诺准数 Re 和相对粗糙度 ε/d 之间的关系及其变化规律。

【基本原理】

1. 直管摩擦系数 λ 和雷诺准数 Re 的测定 通过课堂学习，我们已知道直管摩擦系数 λ 是雷诺准数 Re 和该管相对粗糙度 ε/d 的函数，即 $\lambda=f(Re,\ \varepsilon/d)$。对于一段特定的管路，其相对粗糙度是个定值，此时摩擦系数仅与雷诺准数有关，即 $\lambda=f(Re)$。

对于圆形直管，阻力损失与摩擦系数之间有如下关系

$$H_f=\lambda\frac{l}{d}\frac{u^2}{2g} \tag{1-1}$$

式中，H_f 为压头损失，m；l 为管长，m；d 为管径，m；u 为流速，$m\cdot s^{-1}$；λ 为摩擦系数，无因次。

应用式（1－1），对于一段已知管长、管径的圆形直管，在一定流速下，测出其阻力损失，然后按式（1－2）可求出摩擦系数 λ。

$$\lambda=H_f\frac{d}{l}\frac{2g}{u^2} \tag{1-2}$$

设备确定时，我们可以指定一段管路，测出管长 l 和管径 d（对本实验均为已知量）。而流体流速 u 可以通过测定体积流量 V_s 来确定，根据

$$u=\frac{V_s}{\frac{\pi}{4}d^2}$$

其中流量采用涡轮流量计测量，涡轮流量计的流量表采用智能流量计算仪，可直接读取流量值。

解决问题的关键在于确定某一流速下流体流经此段管路时的压头损失 H_f。

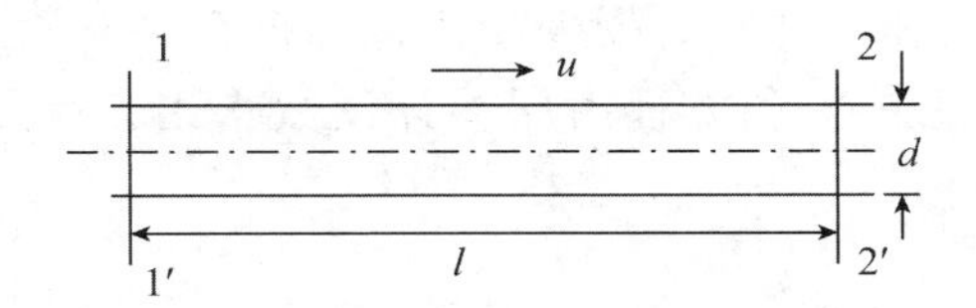

图 1－1　圆形直管中流体机械能恒算示意图

如图 1－1 所示，以直管的中心轴线为基准面，在截面 1－1′和 2－2′间的列柏努利方程，得

$$Z_1+\frac{u_1^2}{2g}+\frac{P_1}{\rho g}=Z_2+\frac{u_2^2}{2g}+\frac{P_2}{\rho g}+H_f$$

整理得 $$H_f=(Z_1-Z_2)+\frac{u_1^2-u_2^2}{2g}+\frac{P_1-P_2}{\rho g}$$

而对于水平等径直管，有　$Z_1=Z_2$，$u_1=u_2$

所以 $$H_f=\frac{P_1-P_2}{\rho g} \tag{1-3}$$

由式（1－3）可得，只要测出这两个截面间的静压差即可得到压头损失 H_f，最简单的方法就是在两个截面间安装压差计。本实验静压差测量均采用压差传感器（注：压差传感器是将压差转换成电信号再用仪表显示），通过压差传感器变送信号，连接到智能数字表直接显示压差，即为管中阻力损失 H_f。

此时 $$\lambda=H_f\frac{d}{l}\frac{2g}{u^2}=H_f\frac{d2g}{l}\frac{\left(\frac{\pi}{4}d^2\right)^2}{V_s^2}=\frac{H_f g\pi^2 d^5}{8lV_s^2} \tag{1-4}$$

雷诺准数 $Re=\frac{du\rho}{\mu}$，其中 ρ、μ 为水的物性常数，通过确定定性温度可在有关手册中查取，d 是管径，流速 u 可通过体积流量 V_s 计算出，则

$$Re=\frac{du\rho}{\mu}=\frac{d\rho}{\mu}\frac{V_s}{\frac{\pi}{4}d^2}=\frac{4\rho V_s}{\mu\pi d} \tag{1-5}$$

温度一定时，水的 ρ、μ 为常数，对于固定管路，管径 d 也为常数，这样，只要不断地改变体积流量 V_s，测出阻力损失 H_f，就可根据式（1－4）计算出 λ，再根据式（1－5）计算出 Re，即可获得一系列 λ 值与 Re 值。在双对数纸上描绘并连接相应各点，便可获得 λ－Re 关系图。

2. 局部阻力系数的测定　流体通过某一管件或阀门的局部阻力损失用流体在管路中动能的函数表示，即

$$H_f=\zeta\frac{u^2}{2g} \tag{1-6}$$

式中，H_f 为局部阻力损失，m；u 为管中流体流速，$m\cdot s^{-1}$；ζ 为局部阻力系数，无因次。

实验中，只要测定出流体经过管件时的阻力损失 H_f 及流体通过管路的流速 u，再由式（1－6）即可计算出局部阻力系数。由于管件两侧距测压孔间的直管长度很短，

所以引起的直管阻力损失和局部阻力损失相比，可以忽略不计。同直管摩擦系数测定方法一样，H_f 的值可应用柏努利方程由压差计读数求出，流速 u 由涡轮流量计读数求出。

【装置与流程】

实验装置流程如图 1－2 所示。离心泵 3 从循环水箱 1 吸入水，经出口阀门 4，涡轮流量计 5 到管路阻力测量系统，最后回到水箱 1。管内水的流量由涡轮流量计 5 测定，调节出口阀门 4 可改变管内流体的流速，从而计算不同状态下摩擦系数、雷诺准数及局部阻力系数。

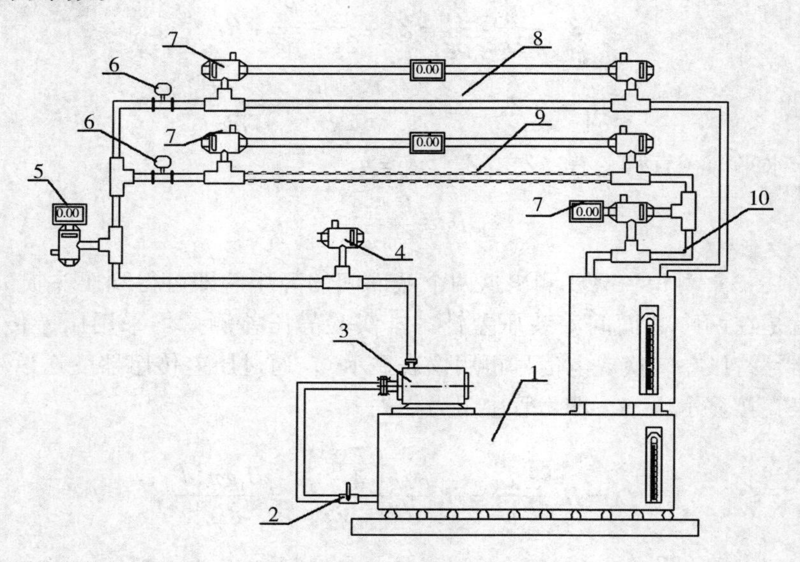

图 1－2　流体流动阻力的测定实验流程示意图

1－水箱；2－底阀；3－离心泵；4－出口阀门；5－涡轮流量计；6－电磁阀；
7－压差计；8－光滑管；9－螺纹管；10－弯头

实验设备使用的注意事项如下。

（1）实验前将水箱充满水，以备循环使用。

（2）使用离心泵时应注意以下几点。① 离心泵启动前要灌水排气，防止气缚现象的发生；② 开启离心泵前，要关闭出口阀门；③ 停车前要先关闭出口阀门。

（3）实验前务必将系统内存留的气泡排除干净。

（4）在实验过程中每调节一个流量后应待流量和压降数据均稳定后，方可进行数据采集。

（5）若实验装置长期不用时，尤其是冬季，应将管路系统和水槽内水排放干净。

【操作步骤】

（1）检查各设备、仪表是否完好。

（2）引水灌泵。关闭离心泵的出口阀门，进入管道阻力实验计算机数据采集系统，在试验项目下选取管路系统，然后启动泵，同时打开底阀和所测管路上的电磁阀。

（3）调节流量。使流量依次从小到大变化，每次流量调节稳定后读取各参数，并读取水温；

（4）结束管道阻力测定实验后，退出实验计算机数据采集系统，关闭出口阀门，停泵。

【数据记录与整理】

1. 实验原始数据的记录

实验日期：________年______月______日

直管材质：______________

光滑直管：内径__________　　长度__________

粗糙直管：内径__________　　长度__________

表1－1　光滑直管阻力测定原始数据记录表

序号	光滑直管压差计示值/kPa	流量/$m^3 \cdot h^{-1}$	水温/℃
1			
2			
3			
4			
5			
6			
7			
8			
9			
10			
11			
12			

表1－2　粗糙直管阻力测定原始数据记录表

序号	粗糙直管压差计示值/kPa	流量/$m^3 \cdot h^{-1}$	水温/℃
1			
2			
3			
4			
5			

续表

序号	粗糙直管压差计示值/kPa	流量/$m^3 \cdot h^{-1}$	水温/℃
6			
7			
8			
9			
10			
11			
12			

表 1－3　局部阻力系数测定原始数据记录表

序号	弯头压差计示值/kPa	流量/$m^3 \cdot h^{-1}$	水温/℃
1			
2			
3			
4			
5			
6			
7			
8			
9			
10			
11			
12			

2. 实验计算结果的整理

表 1－4　光滑直管管道阻力测定计算结果

	1	2	3	4	5	6	7	8	9	10	11	12
Re												
λ												

表 1－5　粗糙直管管道阻力测定计算结果

	1	2	3	4	5	6	7	8	9	10	11	12
Re												
λ												

表 1－6　局部阻力系数测定计算结果

	1	2	3	4	5	6	7	8	9	10	11	12
Re												
λ												

【结论与讨论】

1. 对实验数据进行处理，处理过程中必须有一组数据的计算示例。

2. 在双对数坐标纸上绘制 $Re-\lambda$ 关系图，并描述图的特点。

【思考题】

1. 本实验用水为工作介质做出的 $Re-\lambda$ 曲线，对其他流体能否适用？为什么？

2. 实验测试时为什么要取同一时刻下的瞬时数据？

3. 为什么本实验数据须在双对数坐标纸上标绘？

4. 在不同设备上（包括不同管径）、不同水温下测定的 $Re-\lambda$ 数据能否关联在同一条曲线上？

实验二 离心泵特性曲线的测定

【实验目的】

1. 熟悉离心泵特性曲线的应用。

2. 了解离心泵的结构和特性、掌握其操作方法。

3. 学习离心泵特性曲线的测定方法。

【基本原理】

离心泵是输送液体的常用机械，在选用泵时，一般总是根据生产任务要求的扬程和流量，较高的工作效率，参照离心泵的特性来决定其型号。对于一定类型的离心泵来说，其特性就是指在一定的转速下，离心泵的流量 Q 变化时，扬程 H_e、轴功率 $N_{轴}$、效率 η 的变化规律，它主要包括 H_e-Q 曲线、$N_{轴}-Q$ 曲线、$\eta-Q$ 曲线。因此，离心泵在出厂前由制造厂测定这三条曲线，作为离心泵选择的依据。

通过 H_e-Q 曲线，我们可以预测在一定的管路系统中，这台离心泵实际流量的大小，能否满足生产需要。有了 $N_{轴}-Q$ 曲线，可以预测这种类型的离心泵在某一流量下运行时，拖动它要消耗多少能量，这样可以配置一台大小合适的动力设备。观察 $\eta-Q$ 曲线，可以预测这台离心泵在某一流量下运行时效率的高低，使离心泵能够在适宜条件下运行，以发挥其最大效率。

但是，离心泵的特性曲线目前还不能用解析方法进行计算，仅能通过实验测定，所以我们要学会测定离心泵特性曲线的方法。

1. 流量 Q 的测定 涡轮流量计的流量表采用智能流量计算仪，可直接读取流量值。欲改变流量需阀门控制（手动或自动改变阀门的开度）。

2. 扬程 H_e 的测定 对图 1-3 所示的系统，以泵的入口截面为基准面，在一定流量下，在离心泵进、出口两截面间列柏努利方程，可得

$$Z_1+\frac{p_1}{\rho g}+\frac{u_1^2}{2g}+H'=Z_2+\frac{p_1}{\rho g}+\frac{u_2^2}{2g}+\Sigma H_{f内}$$

进一步整理得到

$$H_e = H' - \sum H_{f内} = \frac{p_2 - p_1}{\rho g} + \frac{u_2^2 - u_1^2}{2g} + (Z_2 - Z_1)$$

式中，ρ 为流体密度，$kg \cdot m^{-3}$；g 为重力加速度，$m \cdot s^{-2}$；p_1、p_2 为分别为泵进、出口的流体压力，Pa；u_1、u_2 为分别为泵进、出口的流体流速，$m \cdot s^{-1}$；

其中　$Z_2 - Z_1 = h_0 = 100mm$，$u_1 \approx u_2$，

因此

$$H_e = \frac{p_2 - p_1}{\rho g} + h_0 \tag{1-7}$$

在离心泵的进、出口分别安装真空表和压力表，每改变一个流量，就可测出相应的 p_1、p_2 值，利用式（1－7）即可求得相应的扬程 H_e 值。

3. 轴功率的测定　轴功率是电机给泵的功率，轴功率测量采用测功器，能直接测出离心泵的轴功率（kW）。

4. 效率 η 的测定　泵的效率是泵的有效功率 N_e 与轴功率 $N_{轴}$ 的比值。有效功率 N_e 是单位时间内流体经过泵时所获得的实际功率，轴功率 $N_{轴}$ 是单位时间内离心泵从电机得到的功率，两者差异反映了水力损失、容积损失和机械损失的大小。泵的有效功率 N_e 可按式（1－8）计算，即

$$N_e = H_e \cdot V \cdot \rho \cdot g \tag{1-8}$$

$$\eta = \frac{N_e}{N_{轴}} \times 100\%$$

5. 转速改变时的换算　泵的特性曲线是在一定转速下的实验测定所得。但是，实际上感应电动机在转矩改变时，其转速会有变化，这样随着流体流量 Q 的变化，多个实验点的转速 n 将有所差异，因此在绘制特性曲线之前，须将实测数据换算为某一定转速 n'下（可取离心泵的额定转速）的数据。换算关系如下

流量
$$Q' = Q\frac{n'}{n}$$

扬程
$$H' = H\left(\frac{n'}{n}\right)^2$$

轴功率
$$N'_{轴} = N_{轴}\left(\frac{n'}{n}\right)^3$$

效率
$$\eta' = \frac{Q'H'\rho g}{N'_{轴}} = \frac{QH\rho g}{N_{轴}} = \eta$$

【装置与流程】

实验装置流程如图 1－3 所示。离心泵 7 从循环水箱 6 吸入水，经出口阀门 4、涡轮流量计 5 到管路阻力测量系统，最后回到水箱 6。管内水的流量由涡轮流量计 5 测定，调节出口阀门 4 可改变管内流体的流速，从而测定不同流量下的扬程、轴功率及效率。

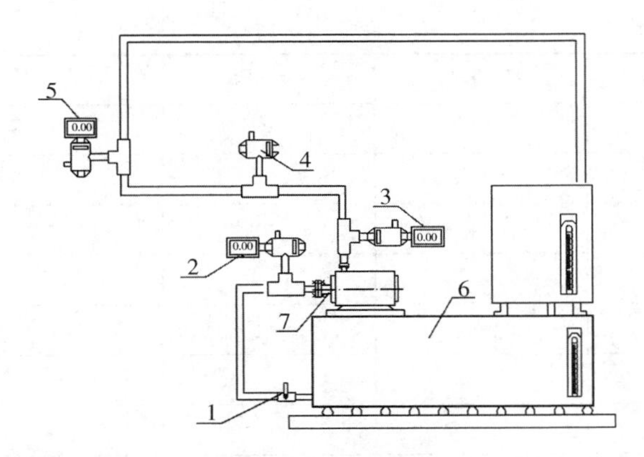

图 1－3 离心泵特性曲线测定实验流程示意图

1－底阀；2－真空表；3－压力表；4－出口阀门；5－涡轮流量计；6－水箱；7－离心泵

实验设备使用时的注意事项如下。

（1）一般每次实验前，均需对离心泵进行灌泵操作，以防止离心泵气缚现象的发生。同时注意定期对离心泵进行保养，防止叶轮被固体颗粒损坏。

（2）使用离心泵时应注意：①开启离心泵前，要关闭出口阀门；②停车前要先关闭出口阀门。

（3）在试验过程中，每调节一个流量后应待流量和压降数据稳定后，方可采样。

（4）泵运转过程中，勿触碰泵主轴部分，因其高速转动，可能会缠绕并伤害身体接触部位。

【操作步骤】

1. 检查各设备、仪表是否完好。

2. 引水灌泵，关闭离心泵的出口阀，进入泵性能实验计算机数据采集系统，在实验项目下选取泵性能实验，然后启动泵，打开电磁阀。

3. 调节流量，使流量依次从小到大变化，每次流量调节稳定后读取各参数，并读取水温。

4. 结束泵性能测定实验后，退出实验计算机数据采集系统，关闭出口阀门，停泵。

【数据记录与整理】

1. 原始数据记录

装置号：＿＿＿＿＿＿　　型号：＿＿＿＿＿＿　　水温：＿＿＿＿＿＿

额定流量：＿＿＿＿＿＿　　额定扬程：＿＿＿＿＿＿　　额定功率：＿＿＿＿＿＿

表 1－7 离心泵性能测定原始数据记录表

序号	流量/$m^3 \cdot h^{-1}$	$P_{表}$/kPa	$P_{真}$/kPa	$N_{轴}$/kW	转速/$r \cdot min^{-1}$
1					
2					
3					

续表

序号	流量/$m^3 \cdot h^{-1}$	$P_{表}$/kPa	$P_{真}$/kPa	$N_{轴}$/kW	转速/$r \cdot min^{-1}$
4					
5					
6					
7					
8					
9					
10					
11					
12					
13					
14					
15					

在实验过程中，将每组实验数据对应的转速校正为泵额定转速 $n' = 2900r \cdot min^{-1}$ 对应下的各实验量，并按上述比例定律，可得校正转速后的数据结果。

2. 实验结果的整理

表 1-8 离心泵性能测定实验计算结果

序号	He/m	Q/$m^3 \cdot h^{-1}$	N_e/kW	$N_{轴}$/kW	η
1					
2					
3					
4					
5					
6					
7					
8					
9					
10					
11					
12					
13					
14					
15					

【结论与讨论】

1. 试述实验测定过程中水温升高原因。

2. 绘制离心泵特性曲线图。

3. 由离心泵特性曲线图可得出哪些结论。

【思考题】

1. 试从所测实验数据分析离心泵在启动时为什么要关闭出口阀门?

2. 启动离心泵之前为什么要引水灌泵?如果灌泵后依然启动不起来,你认为可能的原因是什么?

3. 为什么用泵的出口阀门调节流量?这种方法有什么优缺点?是否还有其他方法调节流量?

4. 正常工作的离心泵,在其进口管路上安装阀门是否合理?为什么?

实验三　换热器性能参数测定设计

【实验目的】

1. 学习换热器性能参数测定实验设计的基本方法,确定换热器性能测定位点及流程。

2. 测定不同换热器的总传热系数,了解影响总传热系数的因素。

3. 测定流体在圆形直管中做强制湍流的准数关联式。

4. 测定流体在圆形直管中做强制湍流的对流传热系数。

5. 通过实验加深对传热基本规律的认识,了解工程上强化传热的措施。

【基本原理】

1. 传热系数 K 的测定　根据传热基本方程式 $Q_i = K_iA_i\Delta t_m$,总传热系数 K 可按式(1-9)计算,即

$$K_i = \frac{Q_i}{A_i\Delta t_m} \tag{1-9}$$

式中,Q_i 为传热速率,W;A_i 为传热面积,m^2;Δt_m 为冷、热两流体的对数平均温度差,K 或℃;K_i 为以内表面积为基准的总传热系数,$W \cdot m^{-2} \cdot K^{-1}$。

由式(1-9)可知,当换热器的操作条件一定时,只要测出 Q_i、A_i、和 Δt_m,则传热系数 K_i 即可求得。

(1)传热速率 Q_i　如果实验设备保温良好,系统的热损失可忽略不计,传热速率 Q_i 可由冷流体的吸热速率或热流体的放热速率求得,以冷流体的吸热速率为例,传热速率可用下式计算,即

$$Q_i = m_s \cdot C_p\ (t_2 - t_1) = V_s \cdot \rho \cdot C_p\ (t_2 - t_1)$$

式中,V_s 为冷流体的体积流量,$m^3 \cdot s^{-1}$;t_1、t_2 为冷流体的进、出口温度,℃;C_p 为冷流体的比热,$kJ \cdot kg^{-1} \cdot K^{-1}$,查定性温度$\frac{t_1 + t_2}{2}$(冷流体进、出口算术平均温度)

下数值。

（2）传热面积 A_i　对于不同的换热器，传热面积可根据已知设备参数进行计算，例如套管式换热器，传热面积可按内管的表面积计算，即

$$A_i = \pi \cdot d_i \cdot l$$

式中，d_i 为圆形直管内径，mm；l 为圆形直管长度，mm。

（3）对数平均温度差 Δt_m

$$\Delta t_m = \frac{(T - t_1) - (T - t_2)}{\ln\left(\frac{T - t_1}{T - t_2}\right)}$$

式中，T 为热流体的进、出口温度，℃；t_1、t_2 为冷流体的进、出口温度，℃。

2. 对流传热系数 α 测定　根据流体在圆形直管内的对流传热速率方程 $Q_i' = \alpha_i \cdot A_i \cdot \Delta t_m'$，对流传热系数 α 可按式（1－10）计算。

$$\alpha = \frac{Q_i'}{A_i \cdot \Delta t_m'} \tag{1-10}$$

式中，Q_i'为对流传热速率，W；A_i 为对流传热面积，m^2；$\Delta t'$ 为对流传热平均温度差，K 或℃；α 为对流传热系数，$W \cdot m^{-2} \cdot K^{-1}$或 $W \cdot m^{-2} \cdot ℃^{-1}$。

如果测出 Q_i'，A_i 和 $\Delta t_m'$，则对流传热系数 α 即可求得。

（1）对流传热速率 Q_i'　稳定传热过程中，对流传热速率与总传速率相等，即

$$Q_i = Q_i'$$

（2）对流传热面积 A_i　流体在圆形直管内流动，则对流传热面积为内管的内表面积。可根据设备已知参数计算。

（3）对流传热平均温度差 $\Delta t_m'$

$$\Delta t_m' = \frac{(t_w - t_1) - (t_w - t_2)}{\ln\left(\frac{t_w - t_1}{t_w - t_2}\right)}$$

式中，t_1、t_2 为冷流体的进、出口温度，℃；t_w 为换热器的内壁温度，℃。

3. 准数关联式的测定　低黏度流体在圆形直管中强制对流的准数关联式的形式为 $Nu = ARe^n$。若求出式中系数 A 与指数 n，即可确定准数关联式。实验中可通过改变流体的流量，测得不同流速下的对流传热系数 α，求出对应的努塞尔准数（$Nu = \frac{d\alpha}{\lambda}$）及雷诺准数（$Re = \frac{du\rho}{\mu}$）。求得几组 Nu 与 Re 值后，在双对数坐标纸上作出一系列的点，连接起来得一直线，由图上确定该直线的斜率 n 与截距 A，即可确定 Nu 与 Re 的准数关联式。

【装置与流程】

本实验以套管式换热器为例，装置由两套套管换热器组成，一套内管是光滑管，另一套内管是螺旋槽管（构造请见实物）。两套换热器的流程完全相同，光滑管和螺旋槽管的材质均为黄铜，换热管长均为 1.224m，管内径均为 17.8mm，管外径均为

20mm，螺旋槽管的表面积因没有准确的计算方法，也可按光滑管的面积计算。实验选用空气为冷流体，水蒸气为热流体。空气来自鼓风机，经孔板流量计测量流量、温度传感器测量温度后，进入套管换热器内管被加热，温度升高成热空气，直接排放。水蒸气来自蒸汽发生器，水蒸气进入换热器套管的环隙，放出热量，发生相变化部分蒸汽冷凝，冷凝液经排出口排出。

根据实验原理和给定换热器，学生分组讨论，自行设计实验的流程（要求绘制实验流程示意简图）、操作步骤，选择适合的测定仪器，确定实验测定位点等，设计方案经指导教师核准后，同学根据设计过程动手实验测定给定换热器的总传热系数，流体的对流传热系数和准数关联式。最后对实验结果进行整理，得出实验结论，并撰写实验报告。

【注意事项】

1. 启动风机前，调节阀门全开旁路。
2. 打开蒸汽排气阀，开启蒸汽进气阀门，排出不凝性气体及冷凝水。
3. 每次测取数据必须在系统稳定后进行。
4. 实验完毕后，先关闭蒸汽阀门，再关闭风机开关。
5. 两套套管换热器不能同时进行测定实验。
6. 注意水蒸气发生器内的釜压不能过高，以免发生危险。
7. 操作时，不要将手、脸靠近空气的排出口，以免烫伤。
8. 开启蒸汽排气阀门时，一定要注意设备后部应无人，且应和蒸汽排气出口保持一定距离。

【数据记录与整理】

1. 实验数据的记录

实验设备：____________　　实验介质：____________

管　　长：____________　　管　　径：____________

表1-9　光滑管实验原始数据记录表

项目　　　　序号	1	2	3	4	5	6	7	8
孔板流量计压差 Δp/Pa								
空气表压 P_1/kPa								
空气的进口温度 t_1/℃								
空气的出口温度 t_2/℃								
换热器壁温度 t_w/℃								
水蒸气温度 T/℃								

表 1-10 螺纹管实验原始数据记录表

项目 \ 序号	1	2	3	4	5	6	7	8
孔板流量计压差 Δp/Pa								
空气表压 P_1/kPa								
空气的进口温度 t_1/℃								
空气的出口温度 t_2/℃								
换热器壁温度 t_w/℃								
水蒸气温度 T/℃								

2. 实验结果的整理 将实验结果整理在表 1-11 中，并根据结果在双对数坐标中绘制准数关联图，确定直线斜率 n 与截距 A，得到 Nu 与 Re 的准数关联式。

表 1-11 实验数据整理结果

项目 \ 序号	光 1	光 2	光 3	光 4	光 5	光 6	光 7	光 8
	螺 1	螺 2	螺 3	螺 4	螺 5	螺 6	螺 7	螺 8
平均温度差 Δt_m/℃（或 K）								
对流平均温差 $\Delta t_m'$/℃（或 K）								
空气密度 ρ/kg·m^{-3}								
空气质量流量 m_s/kg·s^{-1}								
传热速率 Q_i/W								
总传热系数 K_i/W·m^{-2}·K^{-1}								
对流传热系数 α/W·m^{-2}·K^{-1}								
雷诺准数 Re								
努塞尔特 Nu								

【思考题】

1. 影响传热系数 K 的因素有哪些？如何强化该传热过程？

2. 比较本实验中对流传热系数 α 与传热系数 K 的大小，并分析原因。

3. 本实验中冷流体和蒸汽的流向对传热效果有什么影响？

4. 为什么实验开始时必须先排尽环隙里的不凝性气体以及积存的冷凝水？

5. 实验中铜管壁面温度是接近水蒸气温度还是接近空气的温度？为什么？

实验四　干　燥

【实验目的】

1. 掌握物料在恒定干燥条件下干燥速率曲线的测定方法，了解和分析影响干燥速率的因素。

2. 熟悉气流式干燥器的基本流程和工作原理，加深对干燥操作过程及其机制的理解。

3. 了解干、湿球温度计的使用方法。

【基本原理】

当温度较高的不饱和空气与湿物料接触时，存在气、固间热量和质量的传递。根据干燥过程中不同期间的特点，干燥过程分为两个阶段。

第一阶段为恒速干燥阶段。在过程开始时，由于整个物料的湿含量较大，其内部的水分能迅速地达到物料表面。因此，干燥速率为物料表面上水分的气化速率所控制，故此阶段也称为表面气化控制阶段。在此阶段，干燥介质传给物料的热量全部用于水分的气化，物料表面的温度维持恒定（等于热空气湿球温度），物料表面处的水蒸气分压也维持恒定，故干燥速率恒定不变。恒速段的干燥速率和临界含水量的影响因素主要有：固体物料的种类和性质；固体物料层的厚度或颗粒大小；空气的温度、湿度和流速；空气与固体物料间的相对运动方式。恒速阶段的干燥速率和临界含水量是干燥过程研究和干燥器设计的重要数据。

第二阶段为降速干燥阶段，当物料被干燥达到临界湿含量后，便进入降速阶段。此时，物料中所含水分较少，水分自物料内部向表面传递的速率低于物料表面水分的气化速率，干燥速率为水分在物料内部的传递速率所控制，故此阶段亦称为内部迁移控制阶段。随着湿含量逐渐降低，物料内部水分的迁移速率也逐渐减小，故干燥速率不断下降。

本实验在恒定干燥条件下对浸透水的湿物料进行干燥，测定干燥速率曲线。

干燥速率曲线一般有两种标绘方法：一种是干燥速率对干燥时间进行标绘（图 1 - 4a）；另一种是干燥速率对物料的干基含水量进行标绘（图 1 - 4b）。干燥速率曲线的具体形状与物质性质及干燥条件有关，但是比较典型的曲线则如图 1 - 4a 所示。

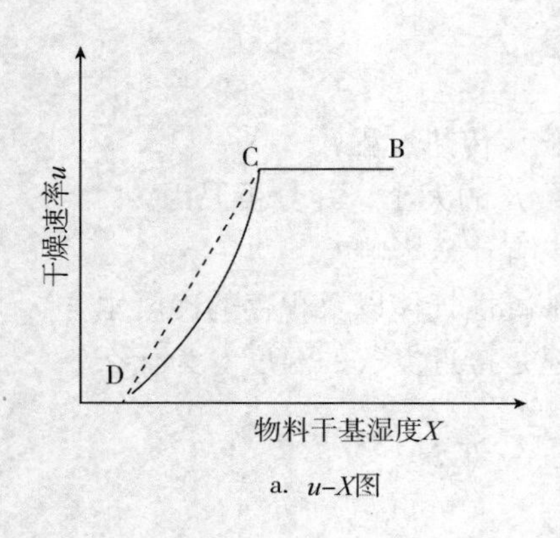

a. u–X图

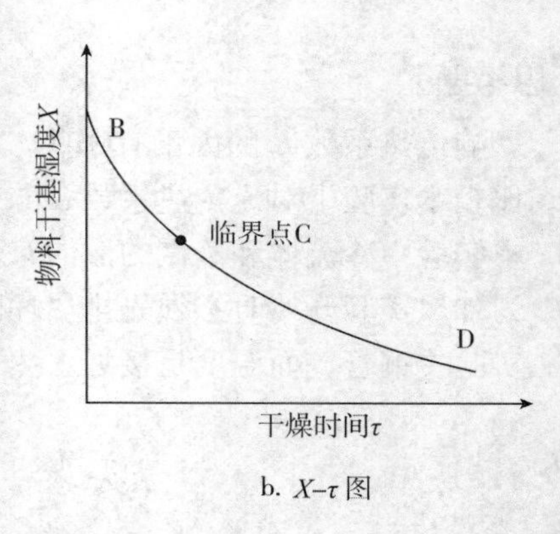

b. X–τ 图

图1－4　干燥速率曲线

所谓的干燥速率，是指单位时间内从被干燥物料的单位面积上汽化水分质量的多少，用微分式表示，即

$$u = \frac{dW}{Ad\tau} \tag{1-11}$$

因 $dW = -GdX$，故式（1－11）可改写为

$$u = \frac{dW}{Ad\tau} = -\frac{GdX}{Ad\tau} = \frac{G}{A}\frac{\Delta X}{\Delta\tau}$$

式中，u 为干燥速率，$kg \cdot m^{-2} \cdot s^{-1}$；$W$ 为汽化的水分质量，kg；A 为干燥面积，m^2；τ 为干燥所需的时间，s；G 为湿物料的绝干质量，kg；X 为物料的干基含水量，$kg \cdot kg^{-1}$；负号为表示物料水分量随干燥时间增加而减少。

G、A 在实验过程中为不变的量。G 为物料的绝干质量，实验前，在电热干燥箱内用90℃左右温度烘约2小时，冷却后称重即得出绝干质量。A 是物料的表面积（六面体的面积），可由式（1－12）计算得到。

$$A = 2 \times [(长 + 宽) \times 高 + (长 \times 宽)] \tag{1-12}$$

$\frac{\Delta X}{\Delta\tau}$可用每5分钟减去物料水分的质量来确定，其中：

$$\Delta X_i = \frac{G_i - G}{G} - \frac{G_{i+1} - G}{G} = \frac{G_i - G_{i+1}}{G} \tag{1-13}$$

式中，G_i 为某时刻湿物料质量，kg。

【装置与流程】

实验设备及流程如图1－5所示，空气由风机1输送，经孔板流量计2、电加热器5流入干燥室6，然后入风机1，循环使用。电加热器5由晶体管继电器控制，使空气的温度恒定，温度的高低由导电温度计12决定。干燥室6前方装有干、湿球温度计10和11，后方也装有温度计，用以测量干燥室内的空气状况。风机出口端的温度计用于测量流经孔板时的空气温度，这个温度是计算流量的一个参数。空气流速由阀门4（蝶形阀）调节，任何时候这个阀都不允许全关，否则电加热器就会因空气不流动而过热，引起损坏（两个片式阀门全开时除外）。风机进口端的片式阀门用以控制系统所吸入的新鲜空气量，而出口端的片式阀门则用于调节系统向外界排出的废气量。

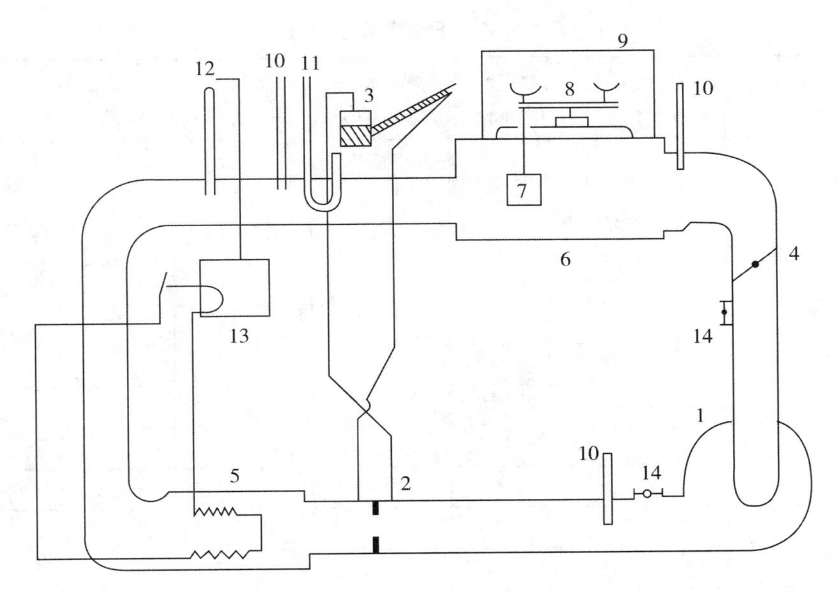

图 1－5 干燥实验流程示意图

1－风机；2－孔板流量计；3－斜管压差计；4－风速调节阀；5－电加热器；6－干燥室；7－试样；8－天平；9－防风罩；10－干球温度计；11－湿球温度计；12－导电温度计；13－晶体管继电器；14－片式阀门

实验设备使用注意事项如下。

（1）待干燥条件处于恒定状态下，再将试样放置支架上。

（2）试样放置要轻放轻取，切勿重压以免损坏称重装置。

【操作步骤】

1. 为湿球温度计注水，调整斜管压差计读数到零点。

2. 开动风机，打开加热电源，加热空气升温至80℃，稳定20分钟，干湿球温度计示值不再变化后，开始实验；调节流量计的读数在45～60mm。

3. 待整个系统稳定后。打开电子天平的开关，调零，把湿物料放在试样架上，记录天平显示数据，同时开动第一块秒表。

4. 5分钟后，停止第一块秒表的同时立即开动第二块秒表，并记录天平显示数据及其它参数。

5. 整个操作过程应保持空气状态不变；如此往复进行，直至试样接近平衡水分为止。

6. 将被干燥物料放入烘箱中于120℃下烘干1～2小时后取出，称量其重量作为绝干物料的质量。

【数据记录与整理】

1. 实验数据原始记录 将实验测定数据结果如实填写在表1－12中。

试样材料：__________ 试样尺寸：__________

绝干质量G：__________ 大气压：__________

表 1-12　干燥实验数据记录

序号	纸板质量/g	时间间隔 $\Delta\tau$/s	流量计 R/mm	风机出口温度 t_1/℃	干燥室温度 t_2/℃	湿球温度/℃	干燥室后温度/℃
1							
2							
3							
4							
5							
6							
7							
8							
9							
10							
11							
12							
13							
14							

2. 实验结果的整理

干燥室进口温度：________　　干燥室出口温度：________

干燥室湿球温度：________　　风机出口温度：________

干燥介质质量流速：________

表 1-13　干燥实验结果整理

序号	湿纸板质量 G_i/g	时间间隔 $\Delta\tau_i$/s	流量计示值 R/mm	干燥速度 u_i/kg·m^{-2}·s^{-1}	物料含水量 X_{mi}
1					
2					
3					
4					
5					
6					
7					
8					
9					
10					
11					
12					
13					
14					

【结论与讨论】

1. 绘制 $u-X$ 曲线，明确注明干燥时的条件。
2. 试讨论若改变干燥条件（空气流速、温度、湿度）时，干燥速率曲线的变化。
3. $u-X$ 曲线的横坐标应如何选取？

【思考题】

1. 在很高温度的空气流中干燥，经过相当长的时间，是否能得到绝干物料？
2. 测定干燥速率曲线有何意义？
3. 影响干燥速率的因素有哪些？如何提高干燥速率？

实验五　填料塔的气体吸收

【实验目的】

1. 熟悉填料吸收塔的基本结构、操作方法及其工艺流程。
2. 观察填料吸收塔内气、液两相的流动情况。
3. 测定填料吸收塔中的空塔气速与填料层压降的关系曲线。
4. 学习填料吸收塔传质能力和传质效率的测定方法。

【基本原理】

填料塔是制药化工生产中常见的气液传质设备之一，具有结构简单、阻力小、便于用耐腐蚀材料制造等优点。操作时，填料塔内气、液两相通常采用逆流流动，液体靠重力作用沿填料表面自上而下流动，气体靠压强差的作用由下向上呈连续相通过填料层空隙，气液两相间的传质过程在润湿的填料表面进行。

1. 填料吸收塔中空塔气速与压降关系曲线的测定　气体通过填料层的压降是吸收塔设计中的重要参数，其大小不仅与填料的种类、尺寸及填充方式有关，还与两相流体的物系及流速有关。

在填料塔中，气体通过干填料层时属湍流状态，产生的压降 Δp 与气速 u 的 1.8～2.0 次方成正比，在双对数坐标中为一条直线，斜率为 1.8～2.0。

在有液体喷淋且喷淋密度一定的条件下，当气速小时，液体在填料层内向下流动几乎与气速无关，持液量基本不变，压降 Δp 的增加几乎与气体通过干填料层相同，即 $\Delta p \propto u^{1.8\sim2.0}$，但由于湿填料层内所持液体占据一定的填料空隙，所以在相同的空塔气速下，气体通过湿填料的真实速度比通过干填料层真实速度要高，压降也要大，此时 Δp 与 u 曲线在干填料线的左侧，且两条线平行。当气速增大至某一数值时，液体的流动受逆向流动气体的阻碍开始明显，填料层内持液量随气速的增大而增加，而气体的流通截面积减少，压降随空塔气速有较大的增加，Δp 与 u 曲线的斜率大于 2，开始发生拦液现象时的空塔气速称为载点气速，在实测时，载点并不明显。进入载液区后，当空塔气速再进一步增大并达到某一数值时，气液间的摩擦力完全阻碍液体向下流动，塔内持液量不断增加使液相由分散相变为连续相，而气体则由连续相变为分散相并以鼓泡的形式通过液体层，气体的压降骤然急剧增大，几乎直线上升，曲线近于垂直上升的转折点称为泛点，所对应的空塔气速称为液泛气速或泛点气速，此时在填料层顶部开始出现鼓泡液层，塔内操作极不稳定，这种现象称为液泛现象。

液泛气速是填料塔吸收操作的极限，正常操作的气速必须低于液泛气速，通常适宜的操作气速一般取液泛气速的60% ~80%，所以液泛气速的确定对吸收塔的设计和操作都十分重要，除了用实验方法测定外，还可以利用关联式和关联图。

通过该项实验，可以验证上述填料塔的压降规律。实验时只使用空气和水进行，在一定的液体喷淋量下，逐步增加气速 u，测量压降 Δp 随气速 u 的变化，至观察到出现液泛现象为止，绘制气速 u 与压降 Δp 关系曲线，标出载点与泛点。实验时注意不要使气速过分超过泛点气速，以免冲跑或冲坏填料。

2. 填料塔吸收传质系数的测定　当工艺要求确定时，吸收系数决定着吸收设备的大小。由于吸收过程的影响因素很复杂，对于不同的系统和不同的吸收设备，吸收系数的大小也不相同，工程上常利用现有的同类型生产设备或中间试验设备，进行吸收系数测量，作为放大设计的依据。因此，有必要掌握吸收系数的测定方法。

对于一个填料层高度为 Z，横截面积为 Ω 的填料吸收塔，其传质速率由吸收速率方程决定，即

$$N_{A}=K_{Y}\cdot A\cdot \Delta Y_{m} \tag{1-14}$$

式中，N_A为吸收速率，即单位时间内所吸收溶质 A 的量，$kmol \cdot s^{-1}$；K_Y为气相总传质系数，$kmol \cdot m^{-2} \cdot s^{-1}$；$A$ 为气、液两相间的传质面积，m^2；ΔY_m 为以气相浓度表示的平均推动力，无因次。

式（1-14）中传质面积 A 的大小可根据式（1-15）计算，即

$$A=V_{填料}\cdot \alpha=\Omega\cdot Z\cdot \alpha \tag{1-15}$$

式中，$V_{填料}$为填料层的堆积体积，m^3；α 为填料的有效比表面积，$m^2 \cdot m^{-3}$；

所以，式（1-14）可写成

$$N_{A}=K_{Y}\cdot \alpha\cdot \Omega\cdot Z\cdot \Delta Y_{m} \tag{1-16}$$

由于单位体积填料层的有效传质面积 α 不仅与设备尺寸和填料特性有关，还受流体物性和流动状况的影响，直接测定其值大小是很困难的，因此将 α 和吸收系数 K_Y 的乘积视为一体，称为气相体积吸收系数，$K_Y\alpha$ 大小可由实验直接测定得到。

（1）吸收塔的吸收速率 N_A　在一定操作条件下，吸收过程的吸收速率可由式(1-17)计算，即

$$N_{A}=V(Y_{1}-Y_{2}) \tag{1-17}$$

式中，Y_1、Y_2为进、出塔气相中氨气的物质的量比浓度，分别由进塔的氨气和空气流量比及尾气分析系统测定；V 为惰性气体的摩尔流量，$kmol \cdot h^{-1}$，由空气转子流量计测定，并根据实验条件（温度和压力）和有关公式换算成空气的摩尔流量。

（2）平均推动力 ΔY_m　吸收过程中，在操作范围内相平衡关系服从亨利定律，即 $Y^*=mX$，则可根据塔顶及塔底两截面上的推动力求出全塔的推动力的对数平均值，即

$$\Delta Y_m = \frac{(Y_1 - Y_1^*) - (Y_2 - Y_2^*)}{\ln \frac{(Y_1 - Y_1^*)}{(Y_2 - Y_2^*)}} \tag{1-18}$$

式（1－18）中，Y^* 表示与液相相平衡气相的物质的量比浓度，下标 1 和 2 分别表示塔底和塔顶，可根据 $Y_1^* = mX_1$ 和 $Y_2^* = mX_2$ 计算，X_1、X_2 分别为出、进塔液相中氨气的物质的量比浓度，使用纯溶剂时，$X_2 = 0$，而 X_1 的大小可根据全塔物料衡算得到，即

$$N_A = V(Y_1 - Y_2) = L(X_1 - X_2)$$

进一步整理即得

$$X_1 = \frac{V(Y_1 - Y_2)}{L} = \frac{N_A}{L} \tag{1-19}$$

式中，L 为溶剂的摩尔流量，$kmol \cdot h^{-1}$，由水转子流量计测得。

【设备与流程】

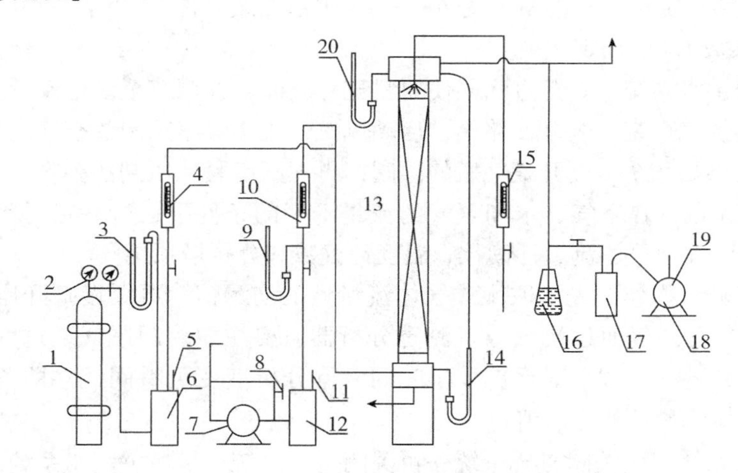

图 1－6 气体吸收实验流程示意图

1－氨气瓶；2－氨减压阀；3－氨表压计；4－氨气流量计；5－温度计；6－缓冲罐；7－风机；8－回路阀；9－空气表压计；10－空气流量计；11－温度计；12－油分离器；13－填料吸收塔；14－压差计；15－水流量计；16－稳压瓶；17－尾气吸收盒；18－湿式气体流量计；19－温度计；20－表压计

实验设备流程如图 1－6 所示，空气由叶氏鼓风机 7 供给，回路阀 8 调节空气流量。氨气由氨气瓶 1 供给，经减压阀 2 减压后与空气混合后进入填料吸收塔的底部，经吸收处理后从塔顶排出。吸收剂水从吸收塔的顶部淋下，形成的吸收液由塔底排出。氨气、空气和水的流量分别由转子流量计 4、10 和 15 计量。氨气和空气的流量计前配有温度计 5、11 和液柱压力计 3、9，供校正气体流量之用。在尾气的排出管上连有取样口，尾气可连续流过由吸收盒 17 和湿式气体流量计 18 组成的尾气分析系统，检测吸收尾气中氨气的浓度。此外吸收塔还配有液柱压差计 20 和 14 分别用以测定塔顶压强和填料层的压强降。

吸收塔为 XS－1 型填料塔，填充填料种类为拉西瓷环，填料规格为 12 × 12 ×

1.3mm，填料比表面积 $a_t=403m^2/m^3$，空隙率 $\varepsilon=0.764$，干填料因子 $\varphi=903m^{-1}$，单位体积填料层拥有填料个数 $n=4.51\times10^5$ 个/m^3。吸收塔内径为0.1m，填料层高度为0.5m。

【操作步骤】

1. 填料吸收塔中空塔气速与压降关系曲线的测定（仅使用空气和水）

（1）启动空气系统。全开风机的回路阀后，再启动风机，关小旁路阀来调节进塔空气流量，每隔适当的气速测出填料层的压降 Δp，至设定流量为止，读取和记录不同空气流量下，空气转子流量计读数、空气温度和压降 Δp。

（2）启动供水系统。开进水阀，调节至适当流量，并固定在某一喷淋量下，每隔适当的气速测出相应的填料层压降 Δp，同时读取和记录相应的空气转子流量计读数和空气温度，并观察塔内现象，直至出现液泛现象为止。

（3）在双对数坐标中，以空塔气速为横坐标，单位填料层压降 $\Delta p/Z$ 为纵坐标，标绘干填料层和一定液体喷淋量下的 $\Delta p/Z\sim u$ 关系曲线。

2. 吸收系数 K_Y 的测定

（1）启动供水系统　打开进水阀使填料充分湿润，并调节至设定流量。

（2）启动供气系统　全开回路阀，启动风机，关小旁路阀调节空气流量至设定值。

（3）启动供氨系统　先开氨气瓶的顶阀，再逐渐旋紧减压阀的弹簧，使阀门开启，并调节到所需流量；在空气、水和氨气的流量不变的条件下运行一定时间，待系统基本稳定后，读取并记录各流量计读数、温度计读数和分析塔顶尾气。

（4）尾气分析操作　先读取湿式气体流量计的初示值，再缓慢打开尾气分析器的调节旋塞，使部分尾气通过尾气分析测定分析器。要注意控制尾气通过的速度，过大尾气将夹带部分溶液，过小则延长分析时间，待分析液变色瞬间，立即关闭旋塞，同时读取湿式气体流量计的终示值。

（5）关闭系统　先关闭氨气系统—再关闭空气系统—最后关闭水系统。

【数据记录与整理】

1. 填料吸收塔中空塔气速与压降关系曲线的测定

实验日期：________年________月________日

实验设备____________　　　　实验介质____________

填料类型____________　　　　填料规格____________

填料层高度____________m　　　　填料塔内径____________m

表1-14　填料塔空塔气速与压降关系曲线测定数据记录

	水流量 $/m^3\cdot h^{-1}$	空气流量 $/m^3\cdot h^{-1}$	空气表压 /mmHg	空气温度 /℃	压降 $/mmH_2O$	塔内流动情况
1						
2						
3						

续表

	水流量/$m^3\cdot h^{-1}$	空气流量/$m^3\cdot h^{-1}$	空气表压/mmHg	空气温度/℃	压降/mmH_2O	塔内流动情况
4						
5						
6						
7						
8						
9						
10						
11						
12						
13						
14						

2. 吸收传质系数的测定

混合气体__________　　吸收剂__________

氨气纯度__________　　流量计标定状态__________

表1-15　吸收传质系数测定数据记录

	1	2	3
空气转子流量计示值/$m^3\cdot h^{-1}$			
空气表压/mmHg			
空气温度/℃			
氨气转子流量计示值/$m^3\cdot h^{-1}$			
氨气表压/mmHg			
氨气温度/℃			
水转子流量计示值/$L\cdot h^{-1}$			
尾气分析测定空气体积/L			
尾气分析测定空气温度/℃			
滴定加入的硫酸体积/ml			
滴定使用硫酸的浓度/$mol\cdot L^{-1}$			

3. 实验结果整理与要求

（1）填料吸收塔中空塔气速与压降关系曲线的测定

①计算空气的空塔质量流速 G：先按式（1-20）将空气流量计示值换算为标准状态下的空气流量 Q_0，即

$$Q_0 = Q_1 \frac{T_0}{P_0}\sqrt{\frac{P_2P_1}{T_2T_1}} = Q_1 \frac{273}{10.33}\sqrt{\frac{(10.33 + P_{空气表压}) \times 10.33}{(t_{空气温度} + 273) \times (273 + 20)}} \qquad (1-20)$$

式中，Q 、T 、P 分别代表空气的体积流量、温度和压强；下标 0、1、2 分别代表标准状态（0℃、10.33mH_2O），标定状态（20℃，10.33mH_2O）和使用状态（测定值）。

再将 Q_0 乘以标准状态下的空气密度 ρ_0 ，并除以塔截面积 S 求得 G ，即

$$G = \frac{Q_0\rho_0}{S} = 1.293\frac{Q_0}{S} = 1.293\frac{4 \times Q_0}{\pi \times D^2}$$

式中，ρ_0 为标准状态下空气的密度，$\rho_0 = 1.293 kg/m^3$ ；S 为填料塔的截面积，m^2 ；D 为塔的内径，m。

②计算单位填料层的压降 $\Delta P/Z$

$$\frac{\Delta P}{Z} = \frac{填料层压降}{填料层高度}$$

③以 G 为横坐标，$\Delta P/Z$ 为纵坐标，在双对坐数标纸上描点作图。

（2）吸收系数的测定

①计算标准状态下的空气流量 Q_0 ：按式（1-20）将空气流量计示值换算为标准状态下的空气流量 Q_0 。

②计算标准状态下的氨气流量：按式（1-21）将氨气的流量计示值换算为标准状态下的氨气流量 Q_{20} ，即

$$Q_{20} = Q'_1\frac{T_0}{P_0}\sqrt{\frac{\rho_{10}P_2P_1}{\rho_{20}T_2T_1}} = Q'_1\frac{273}{10.33}\sqrt{\frac{1.293 \times 10.33 \times (10.33 + P_{氨气表压})}{0.78 \times 293 \times (273 + t_{氨气温度})}} \qquad (1-21)$$

式中，Q' 、T 、P 分别代表氨气的体积流量、温度和压强；下标 0、1、2 分别代表标准状态（0℃、10.33mH_2O），标定状态（20℃，10.33mH_2O）和使用状态（测定值），ρ_{10} 、ρ_{20} 分别代表标定介质（空气）和被测介质（氨气）在标准状态下的密度，其中 $\rho_{10} = 1.293kg/m^3$ ，$\rho_{20} = 0.78kg/m^3$ 。因为氨气纯度为98%，故纯氨的体积流量为

$$Q'_{20} = 0.98Q_{20}$$

③计算塔底的气相浓度 Y_1 ：若忽略氨气中的惰性气体，则

$$Y_1 = \frac{Q'_{20}}{Q_0} = \frac{0.98Q_{20}}{Q_0}$$

④计算惰性气体的摩尔流量 V

$$V = \frac{Q_0\rho_{10}}{M} = \frac{1.293 \times Q_0}{28.96}$$

式中，ρ_{10} 为标准状态下的空气密度，$\rho_{10} = 1.293kg/m^3$ ；M 为空气的分子量，$M = 28.96$。

⑤计算塔顶吸收尾气的浓度 Y_2

$$Y_2 = 22.1\left(\frac{T_1}{T_0}\right)\left(\frac{P_0}{P_1}\right)\frac{V_sM_s}{V'} = 22.1\frac{(t_{尾气温度}+273)\times 760}{273\times 760}\frac{2M_SV_S}{V'\times 1000}$$

式中，P_0、T_0 为标准状态的压强和温度，分别为760mmHg 和273K；P_1、T_1 为尾气分析的空气压强（mmHg）和温度（K）；V' 为尾气分析时测得的空气体积，L；V_s 为加入到吸收盒中的硫酸溶液体积，ml；M_s 为硫酸溶液的摩尔浓度，mol · L^{-1}；22.1 为表示1摩尔氨气在标准状态下的体积，ml。

⑥计算吸收速率 N_A

$$N_A = V(Y_1 - Y_2)$$

⑦计算传质面积 A

$$A = \eta \cdot a_t \cdot V_{填料}\ A = \eta \cdot a_t \cdot \frac{\pi}{4}D^2 \cdot Z = 0.5\times 403\times\frac{\pi}{4}D^2 \cdot Z\times Z$$

式中，D 为填料塔的内径，m；Z 为填料层的高度，m；η 为填料的表面效率，$\eta=50\%$。

⑧计算吸收剂水的摩尔流量 L 和吸收液的浓度 X_1

$$L = \frac{Q_水\,\rho_水}{M_水}$$

式中，$Q_水$(L/h)、$\rho_水$(kg/L) 和 $M_水$(kg/kmol) 分别代表水的体积流量、密度和分子量。

出塔液相的浓度 X_1，可由物料衡算求得，即

$$L(X_1 - X_2) = V(Y_1 - Y_2)$$

因为进塔为清水，即 $X_2=0$

所以 $$X_1 = \frac{V}{L}(Y_1 - Y_2) = \frac{G_A}{L}$$

⑨计算浓度差 ΔY_m

$$\Delta Y_m = \frac{(Y_1 - Y_1^*) - (Y_2 - Y_2^*)}{In\dfrac{(Y_1 - Y_1^*)}{(Y_2 - Y_2^*)}}$$

式中，Y^* 可由平衡关系求得。对于浓度小于10%的氨水溶液，平衡关系遵循亨利定律。常温、常压下，平衡关系近似为 $Y^*=0.602X$，由塔顶、塔底液相实际浓度 X_1、X_2 可求出平衡浓度 $Y_1{}^*$、$Y_2{}^*$，即

$$Y_1^* = 0.602X_1$$

$$Y_2^* = 0.602X_2$$

⑩计算吸收系数 K_y 和吸收率 φ

$$K_y = \frac{G_A}{A\Delta Y_m}$$

$$\varphi = \frac{Y_1 - Y_2}{Y_1}\times 100\%$$

对实验数据进行整理计算，将结果汇总在表1－16中，并在双对数坐标中绘制出

填料吸收塔中空塔气速与压降的关系曲线。

表 1-16　实验数据整理

	1	2	3
空气流量 $Q_0/m^3 \cdot h^{-1}$			
纯氨气流量 $Q_0'/m^3 \cdot h^{-1}$			
吸收前氨气浓度 Y_1			
吸收后氨气浓度 Y_2			
惰性气体流量 $V/kmol \cdot h^{-1}$			
吸收速率 $N_A/kmol \cdot h^{-1}$			
吸收剂用量 $L/kmol \cdot h^{-1}$			
出塔氨气浓度 X_1			
与 X_1 平衡的气相浓度 Y_1^*			
对数平均浓度差 ΔY_m			
水的流量 $Q_水/L \cdot h^{-1}$			
吸收系数 $K_Y/kmol \cdot m^{-2} \cdot h^{-1}$			
回收率（$Y_1 - Y_2$）/$Y_1 \times 100\%$			

【思考题】

1. 不改变进气中氨的浓度，有什么办法可提高吸收液氨水的浓度？会带来什么问题？
2. 试述提高吸收系数的方法？

实验六　筛板塔连续精馏过程

【实验目的】

1. 熟悉筛板式精馏塔及其附属设备的基本结构，掌握连续精馏过程的基本流程和操作方法。
2. 学习测定精馏塔全塔效率的实验方法。
3. 研究回流比、温度、蒸汽速度等对精馏塔分离效果的影响。

【基本原理】

精馏是将混合液加热至沸腾，所产生的蒸汽（气相）与塔顶回流液（液相）在塔内逆向接触，在各塔板上进行多次易挥发组分部分汽化和难挥发组分部分冷凝，发生的热量和质量的传递过程，从而达到使混合液分离的操作过程。

1. 全塔效率 E_T　全塔效率又称总板效率，是指达到指定分离要求所需理论板数与实际板数的比值，即

$$E_T = \frac{\text{理论板数}}{\text{实际板数}} = \frac{N_T}{N_P} \times 100\% \tag{1-22}$$

式中，N_T为完成一定分离任务所需的理论塔板数，不包括蒸馏釜；N_P为完成一定

分离任务所需的实际塔板数。

全塔效率是用全塔中所有塔板计算的总效率，其数值有实用意义，精馏塔设计时，在求得理论塔板数后，即可用此式来计算实际塔板数。但引用时须注意，全塔效率的高低与塔结构、操作条件、物料性质及浓度变化范围等有关。

2. 图解法确定部分回流时的理论塔板数 N_T 图解法又称麦卡勃－蒂列（McCabe－Thiele）法，简称 M－T 法，其原理与逐板计算法完全相同，只是将逐板计算的过程在 $x-y$ 直角坐标上直观地表示出来，一般具体步骤如下。

（1）在直角坐标中作出待分离物系（如乙醇－水）的气、液相平衡图（$x-y$ 图）及对角线 $y=x$。

（2）作精馏段操作线。精馏段的操作线方程

$$y_{n+1}=\frac{R}{R+1}x_n+\frac{x_p}{R+1} \tag{1-23}$$

式中，y_{n+1} 为精馏段内第 $n+1$ 块塔板上蒸汽的组成（物质的量分率）（塔板序号按从上而下顺序编写）；x_n 为精馏段内第 n 块塔板下降液体的组成（物质的量分率）；x_p 为塔顶馏出液的组成（物质的量分率），可由实验测得；R 为回流比，精馏段内回流液体量 L（$kmol \cdot s^{-1}$）与馏出液量 P（$kmol \cdot s^{-1}$）之比，即 $R=\frac{L}{P}$。

但需注意 $R=\frac{L}{P}$ 只适用于泡点下回流时的情况，而实际操作时为了保证上升气流能完全冷凝，冷却水量一般都比较大，回流液温度往往低于泡点温度，即冷液回流。当产品和回流液的温度、浓度都相同时，回流比也就是回流液和产品的体积流量之比，可由相应的流量计读数直接读取。

因此利用精馏段操作线过点 a（x_p，x_p）和点 b（0，$\frac{x_p}{R+1}$），可在已知平衡曲线图上作精馏段操作线，见图 1－7。

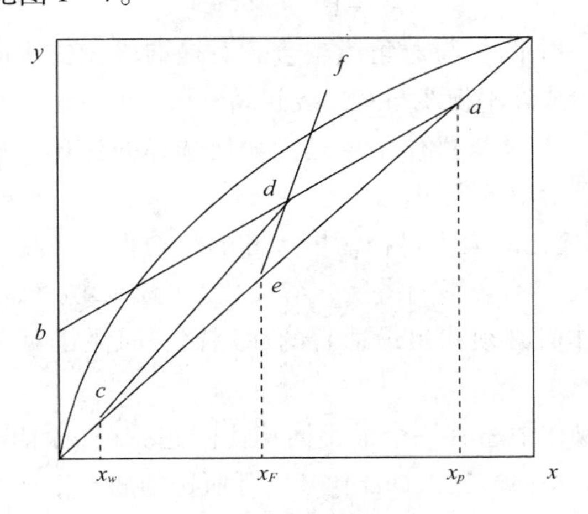

图 1－7 精馏操作线的做法

（3）根据 q 线方程作 q 线　q 线方程

$$y=\frac{q}{q-1}x-\frac{x_F}{q-1}$$

式中，x_F 为原料液的组成（物质的量分率），由实验测量得。

$$q=\frac{\text{每摩尔进料变成饱和蒸汽所需热量}}{\text{进料的摩尔汽化潜热}}$$

当 $x=x_F$ 时，$y=x_F$。在对角线上得一点 e（x_F，x_F），由 e 点作斜率为 $q/(q-1)$ 的直线 ef，即为 q 线。见图 1－7。

（4）作提馏段操作线　提馏段的操作线方程为

$$y_{m+1}=\frac{L'}{L'-W}x_m-\frac{Wx_W}{L'-W} \tag{1-24}$$

式中，y_{m+1} 为提馏段第 $m+1$ 块塔板上升的蒸汽组成，物质的量分率；x_m 为提馏段第 m 块塔板下流的液体组成，物质的量分率；x_W 为塔底釜液的液体组成，物质的量分率；L' 为提馏段内下流的液体量，$kmol \cdot s^{-1}$；W 为釜液流量，$kmol \cdot s^{-1}$。

利用 q 线与精馏段操作线的交点 d 和塔釜组成点 c（x_W，x_W），d 点与 c 点相连，即得提馏段操作线。

（5）画阶梯求理论板数　由 a 点开始，反复在平衡线和两操作线间作阶梯，直至某阶梯的垂线在 c 点左侧或恰好通过 c 点，则理论板数＝阶梯数－1。由于蒸馏釜一般相当于一块理论板，因此用图解法求理论塔板数时，所得阶梯数还要减去 1 后才能作为理论板数。

3. 全回流理论板的确定　全回流的回流比

$$R=\frac{L}{P}=\frac{L}{0}=\infty$$

则精馏段操作线方程为　$$y_{n+1}=\frac{R}{R+1}x_n+\frac{x_n}{R+1}=x_n$$

即 $y_{n+1}=x_n$，在 $x-y$ 图上与对角线重合。而提馏段操作线同样也与对角线重合，所以根据塔顶、塔釜组成在平衡线与对角线间画阶梯，即可求得全回流的理论板数。

4. 精馏塔的操作　精馏塔操作主要是指如何选择回流比，加热量和进料状况等。下面就这几个问题作以简单的说明。

（1）回流比　回流比的大小对精馏塔尺寸的影响很大（见理论课教材），对已有的精馏塔，回流比的改变不会影响塔径、塔板数，而是影响产品浓度、产品质量、塔效率及加热量等，操作时必须找出最适宜的回流比。回流比对上述因素的影响情况，请在预习时思考。

此外，在精馏塔操作中还有一个最小回流比问题。在精馏塔操作时必须根据产品浓度及进料状态确定最小回流比，据此比较实际所选的回流比是否合适。

（2）进料组成变化对操作的影响　若进料组成由 x_{F_1} 变化到 x_{F_2}，已知 $x_{F_2}<x_{F_1}$，精馏段的塔板数较原来的要多，对一定的精馏塔显然分离程度将要降低，塔顶产品浓度 x_p 将会下降。反之，分析方法也一样。

（3）进料量变化对操作的影响　当进料量减少，而产品量未减，残液量一般由液位计控制为一定值时，根据物料平衡必然造成 $P \cdot x_{p} > F \cdot x_{F} - W \cdot x_{W}$，使产品的浓度降低。反之，也可用同样方法分析。

（4）进料温度变化对操作的影响　进料温度的影响反映在 q 线对过程的影响，这里不作介绍，可参见理论课教材有关部分。

【装置与流程】

实验装置与流程如图1－8所示，精馏系统一般主要由精馏塔（包括塔釜、塔体、塔顶冷凝器等）、加料系统、产品贮槽、回流系统及测量、控制仪表等组成。

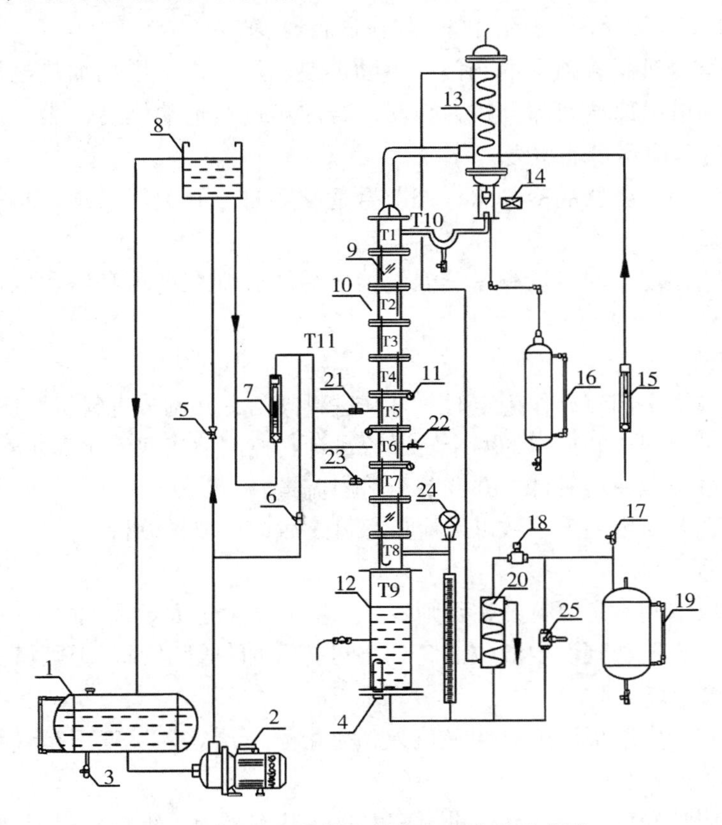

图1－8　筛板塔精馏过程实验流程示意图

1－原料罐；2－进料泵；3－放料阀；4－加热棒；5－高位槽进料阀；6－直接进料阀；7－转子流量计；8－高位槽；9－降液管；10－精馏塔；11－单板取样处；12－塔釜；13－塔顶冷凝器；14－回流比控制器；15－冷却水转子流量计；16－塔顶产品罐；17－放空阀；18－电磁阀；19－釜残液储罐；20－塔釜冷凝器；21～23－进料阀；24－液位计；25－釜残液出料阀；T_1～T_{11}－测温点

本实验装置采用筛板式精馏塔，主要结构参数如下：塔内径 D＝50mm，塔板厚度 δ＝2mm，塔板数 N＝10块，板间距 H_T＝100mm。设有三个加料口以供选择，分别在第5块、第6块和第7块。降液管 Φ8mm×1.5mm。塔釜为内电加热式，有效容积为10L。塔顶冷凝器、塔釜换热器均为盘管式。

本实验原料液为乙醇－水溶液，釜内料液由电加热器产生蒸汽逐板上升，与各板上的下降液体传质后，进入塔顶盘管式换热器壳程，冷凝成液体后再从集液器流出，一部分作为回流液从塔顶流入塔内，另一部分作为产品馏出，进入产品贮罐，残液经转子流量计流入釜液贮罐。

【操作步骤与注意事项】

本实验的主要操作步骤如下。

1. 全回流

（1）预先配制（或检查）浓度10% ~20%（V/V）的料液加入贮罐中，打开进料管路上的阀门，由进料泵将料液打入塔釜并保证釜内液面达到预定安全区内的标准线上，进料时可以打开进料旁路的闸阀，加快进料速度。

（2）关闭塔身进料管路上的阀门，启动加热电源，逐步增加加热电压，使塔釜温度缓慢上升（因塔中部玻璃部分较为脆弱，若加热过快玻璃极易碎裂，使整个精馏塔报废，故升温过程应尽可能缓慢）。

（3）打开塔顶冷凝器的冷却水，调节合适冷凝量，并关闭塔顶出料管路，使整塔处于全回流状态。

（4）当塔顶温度、回流量和塔釜温度稳定后，分别在塔顶和塔釜取适量样品，进行浓度分析测定。

2. 部分回流

（1）待精馏塔全回流操作稳定时，打开进料阀门，并调节进料量至适当的流量。

（2）调节塔顶回流和出料的两个转子流量计，控制适当回流比 R（$R=1\sim4$）。

（3）打开塔釜残液流量计，并调节至适当流量。

（4）当塔顶、塔内温度读数以及流量都稳定后即可取样分析。

3. 注意事项

（1）塔顶放空阀一定要打开，否则容易因塔内压力过大导致危险。

（2）料液一定要加到设定液位2/3处方可打开加热管电源，否则塔釜液位过低会使电加热丝露出干烧致坏。

（3）如果实验中塔板温度有明显偏差，是由于所测定的温度不是气相温度，而是气液混合的温度。

（4）部分回流操作时，必须使进出塔的物料基本平衡，维持釜内液面恒定。

（5）调节转子流量计时动作要慢。

（6）实验完毕后，停止加热，运转一个周期后，方能停止向冷凝器供水，不得过早停水，以免乙醇损失和着火危险。

【数据记录与结果讨论】

1. 将进料、塔顶、塔底温度和组成，以及各流量计读数等原始数据列表记录。
2. 用图解法分别计算全回流和部分回流时的理论板数。
3. 计算全塔效率。
4. 分析并讨论实验过程中观察到的现象。

【思考题】

1. 操作中增加回流比的方法有哪些？能否采用减少塔顶出料量 P 的方法？

2. 精馏塔在操作中，由于塔顶采出率太大而造成产品不合格，使其恢复正常最快最有效的方法是什么？

3. 将本实验中精馏塔适当加高，能否得到无水乙醇？为什么？

4. 板式塔内气液两相流动特点是什么？

5. 查取进料液的汽化潜热时定性温度取何值？

6. 试分析实验结果成功或失败的原因，提出改进意见。

附：乙醇－水气液相平衡图（$p=101.3$kPa）

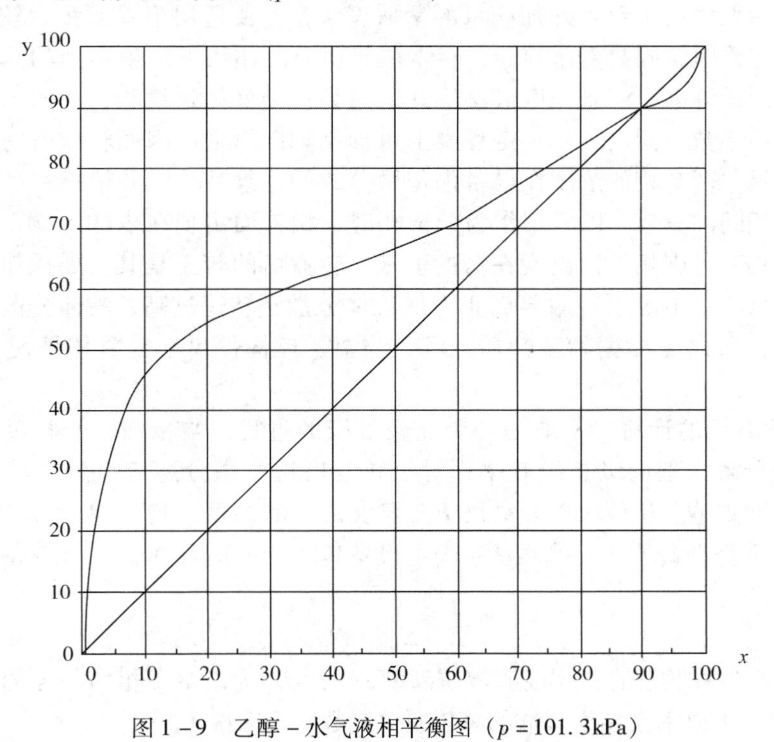

图1－9 乙醇－水气液相平衡图（$p=101.3$kPa）

实验七 转盘式萃取塔性能的测定

【实验目的】

1. 掌握萃取传质单元数 N_{OR}、传质单元高度 H_{OR} 和萃取效率 η 的实验测定方法。

2. 熟悉转盘式萃取塔的基本结构、操作方法及萃取的工艺流程。

3. 观察转盘转速对萃取塔内轻、重两相流动状况影响，了解萃取操作的主要影响因素，研究萃取操作条件对萃取过程的影响。

【基本原理】

萃取是分离和提纯物质的重要单元操作之一，它是利用混合物中各个组分在外加溶剂中溶解度的差异而实现混合物完全或部分的分离，属于传质过程。操作中，待分离组分溶解于溶剂从一相转移到另一相，其余组分则不溶或少溶于溶剂中而实现各个组分的分离。按照被分离混合物种类不同可分为固－液萃取和液－液萃取，液－液萃取是利用液体混合物（原料）中各个组分在液体溶剂中溶解度的差异实现混合液中各个组分分离的操作。操作中所选用的溶剂称为萃取剂，用 S 表示，在萃取剂中溶解度大的组分称为溶质，用 A 表示，而在萃取剂中几乎不溶或溶解度小的组分称为稀释剂或原溶剂，用 B 表示，萃取分层后，一层含萃取剂多并溶有较多溶质的称为萃取相，用 E 表示，另一层含稀释剂多称为萃余相，用 R 表示，萃取相和萃余相去除回收溶剂后分别称为萃取液和萃余液，分别用 E′和 R′表示。

转盘式萃取塔属于引入外加能量的萃取设备，主要适用于界面张力较高、黏度较大的物系。操作时，圆盘高速旋转，液体在剪切力的作用下产生强烈的涡旋运动，使分散相破碎形成许多小液滴，以液滴形式通过另一个液体连续相，从而增大了相际接触面积和传质系数。固定环在一定程度上可抑制轴向返混，因而转盘塔的传质效率较高。同时可见，两液相的浓度在设备内作微分式的连续变化，并依靠密度差在塔的两端实现两液相间的分离。以轻相作为分散相时，相界面出现在塔的上端；反之，以重相作为分散相时，则相界面出现在塔的下端。转盘塔的转速是其主要操作参数，转速低，输入能量小，不足以克服界面张力使液体分散；转速过高，液体分散过细，使塔的通量减小，所以需根据物系性质、塔径与盘、环构件尺寸等具体情况选择适当的转速。

1. 传质单元的计算　萃取是一个比较复杂的过程，与精馏，吸收过程类似，萃取过程也被分解为理论级和级效率；对于转盘塔这类微分逆流接触的萃取塔，一般采用传质单元数 N_{OR} 和传质单元高度 H_{OR} 来表征塔的高度，传质单元数 N_{OR} 表示过程分离程度的难易，传质单元高度 H_{OR} 表示设备传质性能的好坏，所以塔高可用下式表示，即

$$Z = H_{OR} \times N_{OR}$$

式中，Z 为萃取塔的有效接触传质高度，m；H_{OR} 为以萃余相为基准的总传质单元高度，m；N_{OR} 为以萃余相为基准的总传质单元数，无因次。

传质单元数 N_{OR} 可用式（1－25）表示，即

$$N_{OR} = \int_{x_F}^{x_R} \frac{dx}{x - x^*} \qquad (1-25)$$

式中，x_F 为原料液中溶质的质量分率，kg（A）/kg（F）；x_R 为萃余相中溶质的质量分率，kg（A）/kg（R）；x 为塔内任一截面处萃余相中溶质的质量分率，kg（A）/kg（R）；x^* 为塔内任一截面处与萃取相平衡的萃余相中溶质的质量分率，kg（A）/kg（R）。

当萃余相浓度较低时，平衡曲线可近似为过原点的直线，操作线也简化为直线处理，如图 1－10 所示。

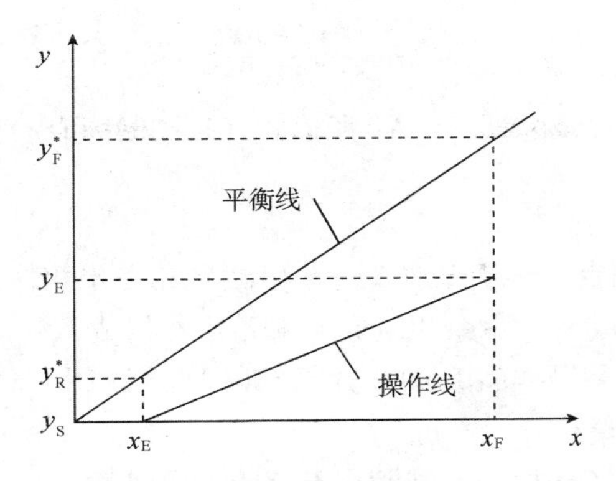

图1－10 萃取平均推动力计算示意图

则式（1－25）可积分得

$$N_{OR}=\frac{x_F-x_R}{\Delta x_m}$$

其中 Δx_m 为传质过程的平均推动力。在操作线、平衡线作直线近似的条件下，Δx_m 值可由式（1－26）计算，即

$$\Delta x_m=\frac{(x_F-x_F^*)-(x_R-x_R^*)}{\ln\frac{(x_F-x_F^*)}{(x_R-x_R^*)}}=\frac{(x_F-y_E/k)-(x_R-0)}{\ln\frac{(x_F-y_E/k)}{(x_R-0)}} \quad (1-26)$$

式中，y_E 为萃取相中溶质的质量分率，kg（A）/kg（E）；k 为分配系数，即溶质在萃取相中组成与萃余相中的组成之比，对于本实验的煤油（含苯甲酸）相－水相，$k=2.26$。

在实验中 x_F，x_R 和 y_E 分别通过取样滴定测定而得，y_E 也可通过物料衡算得到，即

$$\begin{aligned}&F+S=E+R\\&F\cdot x_F+S\times 0=E\cdot y_E+R\cdot x_R\end{aligned} \quad (1-27)$$

式中，F 为原料液的质量流量，$kg\cdot h^{-1}$；S 为萃取剂的质量流量，$kg\cdot h^{-1}$；E 为萃取相的质量流量，$kg\cdot h^{-1}$；R 为萃余相的质量流量，$kg\cdot h^{-1}$。

对稀溶液的萃取过程，因为 $F\approx R$，$S\approx E$，所以可得

$$y_E=\frac{F}{S}(x_F-x_R) \quad (1-28)$$

实验中，若取 $F/S=1/1$（质量流量比），则式（1－28）简化为

$$y_E=x_F-x_R \quad (1-29)$$

在已知塔高（$H=1000$mm）的情况下，则传质单元高度 H_{OR} 的大小可由下式计算，即

$$H_{OR}=\frac{Z}{N_{OR}}=\frac{1}{N_{OR}}$$

2. 萃取效率 η 的计算 萃取效率 η 是指被萃取剂萃取的组分 A 的量与原料液中组分 A 的量之比，即

$$\eta = \frac{Fx_F - Rx_R}{Fx_F} \tag{1-30}$$

对稀溶液的萃取过程，因为 $F \approx R$，所以式（1-30）可整理为

$$\eta = \frac{x_F - x_R}{x_F} \tag{1-31}$$

3. 相组成的浓度测定 对于煤油（含苯甲酸）相-水相体系，可采用酸碱中和滴定的方法测定进料液组成 x_F、萃余相组成 x_R 和萃取相组成 y_E，具体步骤如下。

（1）用移液管量取待测样品 10ml，置于 100ml 锥形瓶中，并滴加 1~2 滴溴百里酚蓝指示剂，溶液呈现淡黄色。

（2）用 $NaOH-CH_3OH$ 标准溶液滴定至终点，溶液颜色由黄色变为淡蓝色，记录消耗的 $NaOH-CH_3OH$ 标准溶液体积数，则所测浓度为

$$x = \frac{N \times \Delta V \times 122}{10 \times 0.8} \tag{1-32}$$

式中，N 为 $NaOH-CH_3OH$ 标准溶液的浓度，$mol \cdot ml^{-1}$；ΔV 为滴定用去的 $NaOH-CH_3OH$ 标准溶液体积量，ml。

此外，苯甲酸的分子量为 122 $g \cdot mol^{-1}$，煤油密度为 0.8 $g \cdot ml^{-1}$，样品量为 10ml。

（3）萃取相组成 y_E 由按式（1-29）计算得到。

【装置与流程】

本实验的装置流程如图 1-11 所示，转盘萃取塔的塔体呈圆筒形，高 H = 1000mm，塔内壁上等间距装有一系列的环形固定环，将塔内分隔成许多小室，每两个固定环间均安装有一圆盘（圆盘的直径比固定环的内径稍小），圆盘都固定在中心转轴上，中心转轴在电机驱动下可按一定速度转动。操作时，重相槽 7 中的水（萃取剂）

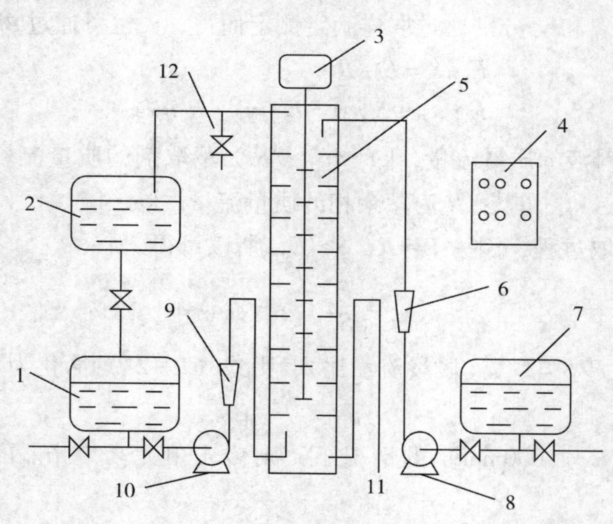

图 1-11 液-液萃取实验流程示意图

1-轻相槽；2-萃余相回收槽；3-电机搅拌系统；4-控制箱；5-转盘萃取塔；6-水流量计；7-重相槽；8-水泵；9-煤油流量计；10-煤油泵；11-萃取相导出口；12-接样口

作为连续相由水泵8经塔顶送入萃取塔内，自上而下流动，流量由水流量计6计量。轻相槽1中的煤油（混合液，含有饱和苯甲酸）作为分散相由煤油泵10经塔底送入萃取塔内，自下而上流动，与重相水成逆流流动，流量由煤油流量计9计量。萃取相经塔底萃取相导出口11流出塔外，萃余相由塔顶流出到回收槽2，经过处理后可循环使用。

【操作步骤】

1. 将煤油配制成含苯甲酸的混合物（配制成饱和或近饱和），然后灌入轻相槽内。注意不要直接在槽内配制饱和溶液，防止固体颗粒堵塞煤油输送泵的入口。

2. 接通水管，将水灌入重相槽内，用磁力泵送入萃取塔内。注意磁力泵切不可空载运行。

3. 通过调节转速来控制外加能量的大小，在操作时转速逐步加大，中间会跨越一个临界转速（共振点），一般实验转速可取500r·min^{-1}。

4. 水在萃取塔内搅拌流动，连续运行5min后，开启分散相－煤油管路，调节两相的体积流量一般在15～40L·h^{-1}范围内，根据实验要求将两相的质量流量比调为1∶1。

5. 待分散相在塔顶凝聚一定厚度的液层后，通过连续相出口管路中Π形管上的阀门开度来调节两相界面高度，操作中应维持上集液板中两相界面的恒定。

6. 改变转速（50～500r·min^{-1}）取样分析，采用酸碱中和滴定的方法测定进料液组成x_F和萃余液组成x_R，计算萃取液组成y_E、效率η、N_{OR}或H_{OR}，从而判断外加能量对萃取过程的影响。

【数据记录与整理】

1. 实验数据原始记录 将测定的实验原始数据如实填写在表1－17中。

表1－17 实验数据原始纪录

实验设备________ 塔高________

原料液________ 萃取剂________

指示剂________ 滴定样品的体积________

NaOH－CH_3OH标准溶液浓度______mol·ml^{-1}

编号	原料流量 F/L·h^{-1}	萃取剂流量 S/L·h^{-1}	转速 n/r·min^{-1}	NaOH－CH_3OH标准溶液消耗的体积 V/ml		
				V_1	V_2	V_3
1						
2						
3						
4						
5						
6						
7						
8						
9						
10						

2. 实验结果整理与要求

（1）计算不同转速 n 下，传质单元数 N_{OR}、传质单元高度 H_{OR} 和萃取效率 η，并将整理结果填写在表 1－18 中。

表 1－18　实验数据整理

编号	转速 n	原料液浓度 x_F	NaOH 的体积 V/ml	萃余相浓度 x_R	萃取相浓度 y_E	平均推动力 Δx_m	传质单元数 N_{OR}	传质单元高度 H_{OR}	效率 η
1									
2									
3									
4									
5									
6									
7									
8									
9									
10									

（2）在直角坐标系中，分别出绘制转速 n 与传质单元数 N_{OR}、传质单元高度 H_{OR}、传质效率 η 的关系曲线图。

【思考题】

1. 试分析比较萃取实验装置与吸收、精馏实验装置的异同点。
2. 从实验结果分析转盘转速的变化对萃取传质系数与萃取效率的影响？
3. 试考虑除转速外，萃取传质系数和萃取效率还受到哪些因素的影响？
4. 测定原料液和萃余相的组成可用哪些方法？采用中和滴定法时，标准碱为什么选用 $NaOH-CH_3OH$ 溶液，而不选用 $NaOH-H_2O$ 溶液？

实验八　连续反应器停留时间分布的测定

【实验目的】

1. 掌握停留时间分布统计特征值的计算方法。
2. 了解停留时间分布测定的基本原理和实验方法。
3. 了解微机系统数据采集的方法。
4. 学会用理想反应器的多釜串联模型来描述实验系统的流动特性。

【基本原理】

在连续流动反应器中进行化学反应时，反应进行的程度除了与反应系统本身的性质有关以外，还与反应物料在反应器内停留时间的长短有密切关系。停留时间通常是指从流体进入反应器时开始，到其离开反应器为止的这一段时间。在间歇反应器中，停留时间是相同的。而在连续反应器中，由于流体在反应器内流速分布不均匀，流体的扩散，以及反应器内的死区等原因，造成停留时间有长有短，形成一个停留时间的分布。这种不同停留时间的物料混合在一起的现象称为“返混”。一般而言，返混对反应不利，因为停留时间过短，物料来不及反应会使转化率降低，而停留时间过长，则有可能发生副反应使收率降低，但返混程度的大小，一般很难直接测定，通常是利用物料停留时间分布的测定来研究。连续反应器的停留时间分布的测定不仅广泛应用于化学反应工程及化工分离过程，也是反应器设计和实际操作必不可少的理论依据。

停留时间分布测定采用示踪响应法，即在反应器入口以一定的方式加入示踪剂，然后通过测量反应器出口处示踪剂的浓度变化，间接地描述反应器内流体的停留时间。常用的示踪剂加入方式有脉冲法和阶跃法。

本实验选用脉冲法，脉冲法是在极短时间内，将一定量的示踪剂从系统的入口处一次性注入主流体，在不影响主流体原有流动特性的情况下随之进入反应器。与此同时，在反应器出口检测示踪剂浓度 $c(\tau)$ 随时间的变化。整个过程如图 1－12 所示。本实验中是在反应器入口用电磁阀控制的方式加入一定量的示踪剂 KNO_3，通过电导率仪测量反应器出口处溶液的电导率变化，间接地描述反应器流体的停留时间。

由概率论知识可知，停留时间分布密度函数 $E(\tau)$ 就是概率分布密度函数。因此，$E(\tau)\mathrm{d}\tau$ 就代表了流体粒子在反应器内停留时间介于 $\tau\sim(\tau+\mathrm{d}\tau)$ 间的概率。

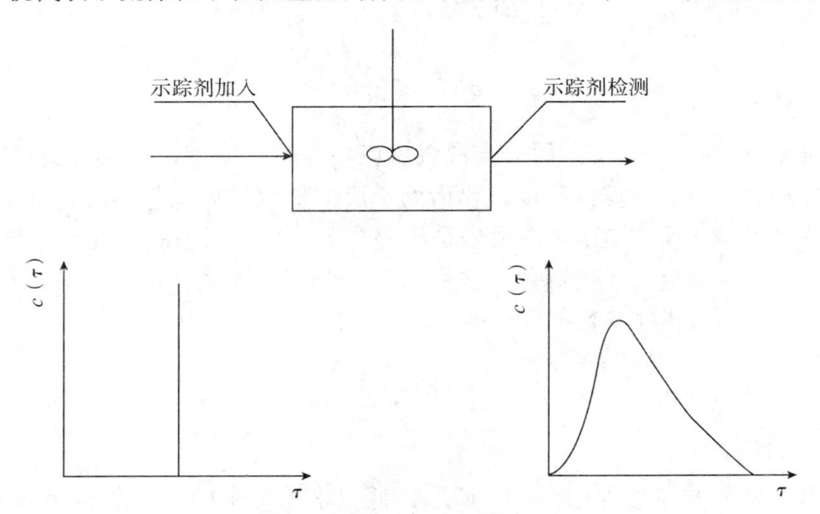

图 1－12 脉冲法测停留时间分布示意图

在反应器出口处测得的示踪剂浓度 $c(\tau)$ 与时间 τ 的关系曲线叫响应曲线。由响应曲线就可以计算出 $E(\tau)$ 与时间 τ 的关系，并绘出 $E(\tau)-\tau$ 关系曲线。计算方法是对反应器作示踪剂的物料衡算，即

$$Vc(\tau)\,\mathrm{d}(\tau)=ME(\tau)\,\mathrm{d}\tau$$

式中，V 表示主流体的流量，M 为示踪剂的加入量，进一步整理可得

$$E\ (\tau)\ =\frac{V}{M}\cdot c\ (\tau) \tag{1-33}$$

关于停留时间分布的另一个统计函数是停留时间分布函数 $F\ (\tau)$，即

$$F(\tau)\ =\int_0^{\infty}E(\tau)\mathrm{d}\tau \tag{1-34}$$

用停留时间分布密度函数 $E\ (\tau)$ 和停留时间分布函数 $F\ (\tau)$ 来描述系统的停留时间，给出了很好的统计分布规律。但是为了比较不同停留时间分布之间的差异，还需要引入另外两个统计特征值，即数学期望和方差。

数学期望对停留时间分布而言就是平均停留时间 $\bar{\tau}$，即

$$\bar{\tau}=\frac{\int_0^{\infty}\tau E(\tau)\mathrm{d}\tau}{\int_0^{\infty}E(\tau)\mathrm{d}\tau} \tag{1-35}$$

对离散型变量
$$\bar{\tau}=\frac{\sum\tau E(\tau)\Delta\tau}{\sum E(\tau)\Delta\tau}=\frac{\sum\tau E(\tau)}{\sum E(\tau)} \tag{1-36}$$

方差是和理想反应器模型关系密切的参数。它的定义是

$$\sigma_{\tau}^{2}=\int_0^{\infty}\tau^{2}E(\tau)\mathrm{d}\tau-\bar{\tau}^{2} \tag{1-37}$$

对离散型变量
$$\sigma_{\tau}^{2}=\frac{\sum(\tau-\bar{\tau})^{2}E(\tau)\Delta\tau}{\sum E(\tau)\Delta\tau}=\frac{\sum\tau^{2}E(\tau)}{\sum E(\tau)}-\bar{\tau}^{2} \tag{1-38}$$

无因次方差
$$\sigma^{2}=\frac{\sum\sigma_{\tau}^{2}}{\bar{\tau}^{2}} \tag{1-39}$$

对平推流反应器，$\sigma^2=0$；而对全混流反应器，$\sigma^2=1$；对介于上述两种理想反应器之间的非理想反应器的返混程度，要借助于反应器数学模型来描述，这里我们采用的是多釜串联模型。所谓多釜串联模型是将一个实际反应器中的返混情况与 N 个体积相同全混釜串联时的返混程度等效，这里的 N 称为模型参数，是虚拟值，并不代表反应器个数，大小可以由实验数据处理得到的 σ^2 来计算。

$$N=\frac{1}{\sigma^{2}} \tag{1-40}$$

【装置与流程】

实验基本装置与流程如图 1－13 所示，低位水箱 1 中的水由进料泵 2 向上输送，经相应的转子流量计 3 计量后，可分别进入管式反应器、单釜反应器或三釜串联反应器中，示踪剂通过电磁阀从各反应器的入口处被瞬时注入水中，其浓度的变化经探头和电导仪测定完成，电导率仪的传感为铂电极，当含有 KNO_3 的水溶液通过安装在反应器液相出口处铂电极 13 时，电导率仪将浓度转化为直流电压信号，经放大器与 A/D 转机卡处理后，由模拟信号转换为数字信号。该代表浓度的数字信号在微机内用预先输入的程序进行数据处理并计算出反应器平均停留时间，方差以及 N 后，由打印机输出。

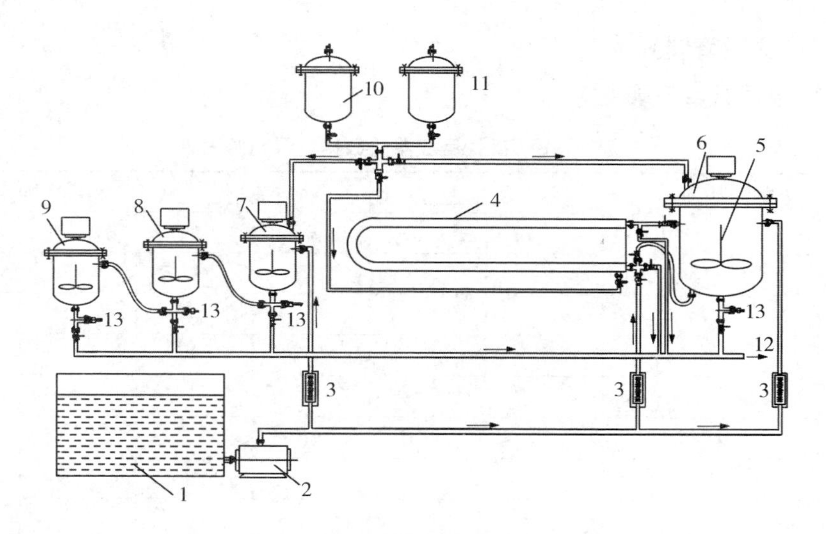

图 1－13　连续反应器停留时间分布测定实验流程示意图

1－水箱；2－进料泵；3－流量计；4－管式反应器；5－搅拌器；6－单釜；7－三釜串联釜 1；8－三釜串联釜 2；9－三釜串联釜 3；10－示踪剂储罐；11－清洗罐；12－出口；13－铂电极

【操作步骤】

1. 打开系统总电源开关，将电导率仪预热以备测量使用。

2. 启动计算机数据采集系统，使其处于正常工作状态，先进入“管式反应器实验”界面，并键入实验条件。

3. 观察各反应器的电导率值，并逐个调零和满量程备用，准备开始实验。

4. 打开自来水阀门向贮水槽进水，启动水泵，开启管式反应器进水阀，调节水流量至 $10L \cdot h^{-1}$，并保持流量稳定。

5. 点击电脑界面上“加样”键，通过电磁阀在反应器入口瞬间注入一定量的示踪剂，然后点击“确定”键，开始采集数据。

6. 调节水流量至 $20L \cdot h^{-1}$，重复以上步骤，进行测量。

7. 关闭管式反应器进水阀，开启单釜式反应器进水阀，调节水流量至 $20L \cdot h^{-1}$，并保持流量稳定。

8. 启动搅拌器开关，调整转速为 $200r \cdot min^{-1}$，同时将电脑切换到“单釜反应器实验”界面，键入实验条件，重复步骤（5）。

9. 调节转速为 $300r \cdot min^{-1}$，其他条件不变，重复步骤（5）。

10. 关闭单釜反应器进水阀，开启三釜串联反应器进水阀，调节水流量至 $20L \cdot h^{-1}$，并保持流量稳定。

11. 启动各釜搅拌器开关，调整转速均为 $300r \cdot min^{-1}$，同时将电脑切换到“三釜串联反应器实验”界面，键入实验条件，重复步骤（5）。

12. 测试结束后，先关闭自来水阀门，再依次关闭水泵和搅拌器、电导率仪、总电源，记录实验数据，关闭计算机，将仪器复原，结束实验。

【数据记录与整理】

1. 实验数据原始记录

表 1－19　管式反应器的数据记录与整理

编号	水的流量______		示踪剂量______		水的流量______		示踪剂量______	
	τ	$c(\tau)$	$\tau c(\tau)$	$\tau^2 c(\tau)$	τ	$c(\tau)$	$\tau c(\tau)$	$\tau^2 c(\tau)$
1								
2								
3								
4								
5								
6								
7								
8								
9								
10								
…								
n								
$\sum$								

表 1－20　单釜反应器的数据记录与整理

编号	水的流量______		搅拌转速______		水的流量______		搅拌转速______	
	τ	$c(\tau)$	$\tau c(\tau)$	$\tau^2 c(\tau)$	τ	$c(\tau)$	$\tau c(\tau)$	$\tau^2 c(\tau)$
1								
2								
3								
4								
5								
6								
7								
8								
9								
10								
…								
n								
$\sum$								

表 1-21 三釜串联反应器的数据记录与整理

水的流量__________ 示踪剂量__________ 各釜搅拌转速__________

编号	釜1				釜2				釜3			
	τ	$c(\tau)$	$\tau c(\tau)$	$\tau^2 c(\tau)$	τ	$c(\tau)$	$\tau c(\tau)$	$\tau^2 c(\tau)$	τ	$c(\tau)$	$\tau c(\tau)$	$\tau^2 c(\tau)$
1												
2												
3												
4												
5												
6												
7												
8												
9												
10												
…												
n												
$\sum$												

2. 实验结果整理与要求

（1）由各项实验测得 $c(\tau) \sim \tau$ 数据，计算平均停留时间和方差，最后计算出多釜串联模型参数 N。

（2）分析不同反应器和不同操作条件下，模型参数 N 值变化的规律。

【思考题】

1. 测定连续反应釜中停留时间的意义是什么？

2. 流量对管式反应器有什么影响？分析原因。

3. 既然多釜串联反应器的个数是 3 个，模型参数 N 又代表全混反应器的个数，那么 N 就是应该 3，若不是，为什么？

4. 全混反应器具有什么样的特征，如何用实验的方法判断搅拌釜是否达到全混反应器的模型要求，若尚未达到如何调整实验条件使其接近这一理想模型？

第二章　综合实验与演示实验

实验九　雷诺演示

【实验目的】

1. 建立层流和湍流两种流体流动形态的感性认识。
2. 观察层流流动时管路中流体的流速分布。
3. 熟悉流体流动类型与雷诺准数 Re 之间的关系。

【基本原理】

1. 流体流动类型的观察　流体流动有层流和湍流两种不同型态，这一现象最早是由雷诺（Reynolds）在 1883 年首先发现的。流体作层流流动时，其流体质点作平行于管轴方向的直线运动，且在径向无脉动；流体作湍流流动时，其流体质点除了沿管轴方向作向前运动外，还在径向作脉动，从而在宏观上显示出紊乱地向各个方向作不规则的运动。

流体流动型态可用雷诺准数（Re）来判断，它是由影响流体流态的各因素组合成的无因次数群，计算式如式（2－1）。

$$Re = \frac{du\rho}{\mu} \tag{2-1}$$

式中，Re 为雷诺准数，无因次；d 为管的内径，m；u 为流体在管内的平均流速，$m \cdot s^{-1}$；ρ 为流体的密度，$kg \cdot m^{-3}$；μ 为流体的黏度，$Pa \cdot s$。

雷诺准数 Re 是一个由各影响变量组合而成的无因次数群，其值大小不会因采用不同的单位制而不同。但应注意，计算时数群中各物理量必须采用同一单位制。

实验证明，当 $Re < 2000$ 时，流体的流动形态属于层流（或滞流）；当 $Re > 4000$ 时，流体的流动形态属于湍流（或紊流）；当 $2000 < Re < 4000$ 时，流体的流动是不稳定的，可能是层流，也可能是湍流，通常称为过渡流。该状态下的流体在受到外界条件影响后（如管路直径或方向的改变，受外力后的轻微振动等），极易促成湍流的发生。

由式（2－1）可见，对于一定温度的流体，在特定的圆管内流动，雷诺准数仅与流体流速有关。本实验即是通过改变流体在管内的速度，观察在不同雷诺准数下流体的流动型态。

2. 层流时速度分布的观察　流体作层流流动时，管内速度呈抛物线型变化，可由实验验证。观察实验时，用阀门调节流量，使管内水处于层流状态，用脉冲法打开有色液体阀门，观察有色液体形态，可见有色液体痕迹为抛物线型。

【装置与流程】

实验装置如图 2－1 所示，图中大槽为高位水槽，水由此进入玻璃管（玻璃管用于观察流体流动的形态和层流时圆管中流体流速的分布）。槽内设有进水稳流装置及溢流箱用以维持水槽液面的平稳和恒定。

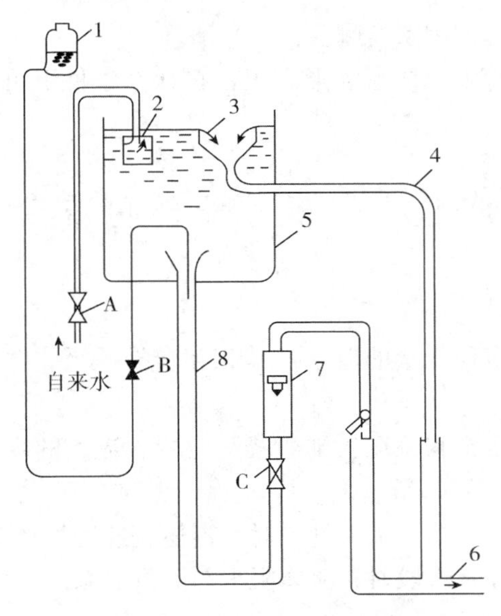

图 2－1 雷诺演示实验流程示意图

1－高位墨水瓶；2－进水稳流装置；3－溢流箱；4－溢流管；
5－高位水槽；6－排水管；7－流量计；8－玻璃管

实验时打开阀门 C，水即由高位槽 5 进入玻璃管 8 中，经转子流量计 7 后，经排水管 6 排出。可用阀门 C 调节水量，流量由转子流量计 7 测出。高位墨水瓶 1 供贮藏墨水之用，墨水由此经阀门 B 流入玻璃管。示踪剂可采用红色墨水，红墨水由其贮存瓶经连接管和细孔喷嘴，注入实验导管。细孔玻璃注射管位于实验玻璃管入口的轴线部位，还应注意，实验用的水应清洁，红墨水的密度应与水相当，装置要放置平稳，避免震动。

【实验演示操作】

1. 层流流动型态 实验时，先少许开启调节阀，将流速调至所需要的值。再调节红墨水贮瓶的下口旋塞，并作精细调节，使红墨水的注入流速与实验导管中主体流体的流速相适应，一般略低于主体流体的流速为宜。待流动稳定后，记录主体流体的流量。此时，在试验玻璃管的轴线上，就可观察到一条平直的红色细流，好像一根拉直的红线一样，与玻璃管内的水不相混合，表明玻璃管内水的质点是沿着管轴方向作直线运动——层流流动。

2. 湍流流动型态 缓慢地加大调节阀的开度，使水流量平稳地增大，玻璃导管内的流速也随之平稳地增大。此时可观察到，玻璃导管轴线上呈直线流动的红色细流，开始发生波动。随着流速的增大，红色细流的波动程度也随之增大，最后断裂成一段段的红色细流。当流速继续增大时，红墨水进入玻璃导管后立即呈烟雾状分散在整个玻璃导管内，进而迅速与主体水流混为一体，使整个管内流体染为红色，以致无法辨别红墨水的流线，表明水的质点除了沿着管轴方向运动外还作不规则杂乱运动，彼此碰撞、混合，质点速度和方向均随时发生变化—湍流流动。

【思考题】

1. 影响流体流动形态的因素有哪些？

2. 只有流速可判断管中流体流动形态吗？在什么条件下可以由流速的数值来判断流动形态？

实验十　机械能转化演示

【实验目的】

1. 掌握流动流体中多种能量的概念及其相互转换关系，并在此基础上理解掌握柏努利方程。

2. 观测动压头、静压头和位压头随管径、位置、流量的变化情况，验证连续性方程和柏努利方程。

3. 定量考察流体流经收缩、扩大管段时，流体流速与管径关系。

4. 定量考察流体流经直管段时，流体阻力与流量关系。

【基本原理】

制药生产中，流体的输送多在密闭的管道中进行，故研究流体在管内的流动是化学工程中一个重要课题。任何运动的流体仍遵守质量守恒定律和能量守恒定律，这是研究流体力学性质的基本出发点。

1. 流体稳定流动时的物料衡算——连续性方程　根据质量守恒定律，对于在管内稳定流动的流体，单位时间内其流经管路任一截面的质量均相等，即

$$W_{s1} = W_{s2} \tag{2-2}$$

或

$$\rho_1 u_1 A_1 = \rho_2 u_2 A_2 \tag{2-3}$$

对于不可压缩流体，$\rho_1 = \rho_2 =$ 常数，则式（2-3）变为

$$u_1 A_1 = u_2 A_2 \tag{2-4}$$

可见，对于稳定流动的不可压缩流体，流体流速与流通截面积成反比，即面积越大，流速越小；反之，面积越小，流速越大。

对于圆形管路，$A = \pi d^2/4$，d 为管内径，则式（2-4）可转化为

$$\frac{u_1}{u_2} = \left(\frac{d_2}{d_1}\right)^2 \tag{2-5}$$

式（2-5）显示，稳定流动不可压缩流体系统中，流体的流速与对应管路直径平方成反比，管路越细，流速越大。

2. 流体稳定流动时的机械能衡算——柏努利方程　不可压缩流体在管路内稳定流动时，其机械能衡算方程——柏努利方程为

$$Z_1 + \frac{u_1^2}{2g} + \frac{p_1}{\rho g} + He = Z_2 + \frac{u_2^2}{2g} + \frac{p_2}{\rho g} + \sum h_f \tag{2-6}$$

式中各项均具有高度的量纲 m，其中 Z 称为位压头，$u^2/2g$ 称为动压头（或速度头），$p/\rho g$ 称为静压头（或压力头），He 称为外加压头，$\sum h_f$ 称为损失压头。

对于理想的不可压缩流体，无黏性的即没有黏性摩擦损失的流体，就是说，理想的流体，若此时又无外加功加入，则式（2－6）变为

$$Z_1+\frac{u_1^2}{2g}+\frac{p_1}{\rho g}=Z_2+\frac{u_2^2}{2g}+\frac{p_2}{\rho g} \tag{2-7}$$

式（2－7）为理想流体的柏努利方程。该式表明，理想流体在流动过程中，在同一管路的任何两个截面上，尽管三种机械能彼此不一定相等，但是总机械能保持不变，而三种机械能间可相互转化。

如果流体是静止的，则 $u=0$，$He=0$，$\sum h_f=0$，于是式（2－6）变为

$$Z_1+\frac{p_1}{\rho g}=Z_2+\frac{p_2}{\rho g} \tag{2-8}$$

式（2－8）即为流体静力学方程，可见流体静止状态是流体流动的一种特殊形式。

【装置与流程】

如图 2－2 所示，本实验装置由玻璃管、测压管、活动测压头、水槽、水泵等组成。活动测压头的小管端部封闭，管身开有小孔，小孔的位置与玻璃管中心线水平，小管又与测压头相通，转动活动测压头就可测量动压头或静压头。

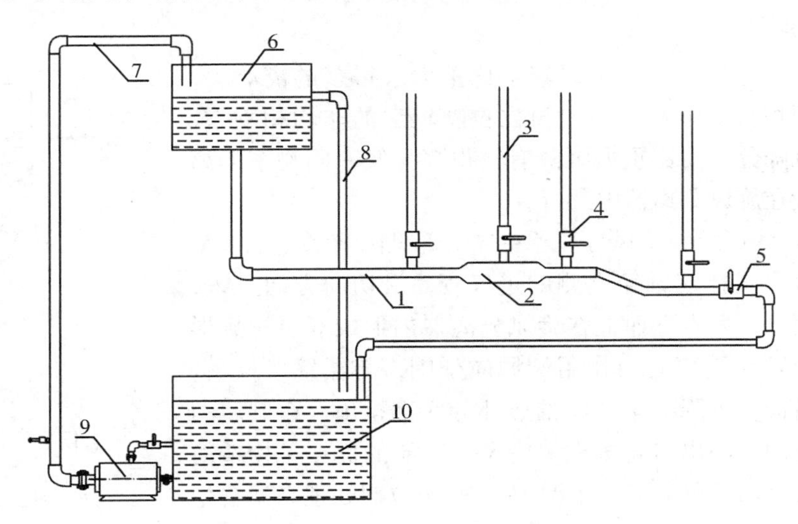

图 2－2 机械能转换实验装置示意图

1－细玻璃管；2－粗玻璃管；3－测压管；4－活动测压头；5－调节阀；
6－高位槽；7－补水管；8－溢流管；9－泵；10－水箱

【实验演示操作】

实验观察时可测量几种情况的压头，并进行分析比较。

（1）关闭水出口阀，旋转测压管，观察流体静止时各测压管中的液位的高度。

（2）打开水出口阀并调节至一定流量，旋转测压孔位置正对或垂直水流方向，观

察和记录各测压管中的液位高度，同时记录水流量。

（3）将出口阀开大，重复（2）步骤，观察和记录各测压管中液位的高度，同时记录水流量。

【思考题】

1. 关闭出口阀，旋转测压管，液位高度有无变化？为什么？这一高度的物理意义是什么？

2. 测压孔正对水流方向时，测压管液位高度的物理意义是什么？

3. 测压孔由正对水流方向转至垂直水流方向，为何测压管内水位下降？下降高度代表什么？粗细管处下降液位是否相同？为什么？

4. 同直径水平直管的能量损失以何种形式表现？如何测定？流量对其有何影响？

5. 流量的大小对各种能量有何影响？

实验十一　旋风分离器分离效果观察

【实验目的】

观察旋风分离器和对比模型内气体的运行情况，加深对旋风分离器作用原理的理解。

【基本原理】

由于在离心场中颗粒可以获得比重力大得多的离心力，因此，对两相密度相差较小或颗粒粒度较细的非均相物系，利用离心沉降分离要比重力沉降有效得多。气 – 固物系的离心分离一般在旋风分离器中进行。

如图 2 – 3 所示，旋风分离器主体上部是圆筒形，下部是圆锥形。含尘气体从圆筒上侧的进气管，沿切向方向进入，然后自上而下，后自下而上在旋风分离器内形成双层螺旋形运动。其中颗粒受离心力作用被抛向外围，与器壁碰撞后，失去动能沿器壁沉降下来，经锥形部分底部排出。净制后的气体从上部的中心出口管排出。旋风分离器的优点是构造简单，分离效率高，可分离出小到 5μm 的颗粒剂处理高温含尘气体。

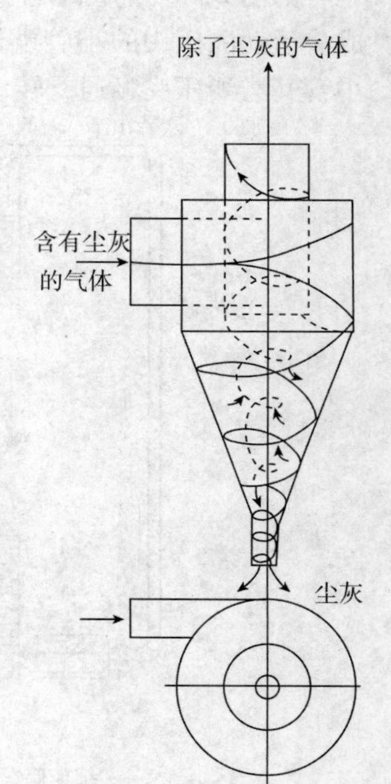

图 2 – 3　旋风分离器工作原理示意图

【实验演示操作】

本套仪器由自动稳压器、玻璃旋风分离器和对比模型等组成，旋风分离器的进气管在上部圆筒的旁侧，与圆筒呈正切，对比模型外形与旋风分离器相同，仅是进气管不在圆筒部分的切线上，而是安装在径向。

实验仪器流程如图 2 – 4 所示，空气经总气阀 1、过滤减压阀 2 和节流孔 4，可同时供应给旋风分离器和对比模型。当高速空气通过抽吸器 7 的喷嘴时，使抽吸器形成负压，抽吸器下端杯子中的煤粉就被气流带入系统与气体混合成为含尘气体进入旋风分离器9进行气－固分离，这时可以清楚地看到煤粉旋转运动的情况，一圈一圈呈螺旋形流落入灰斗内，从旋风分离器出口排出的空气清洁无色。

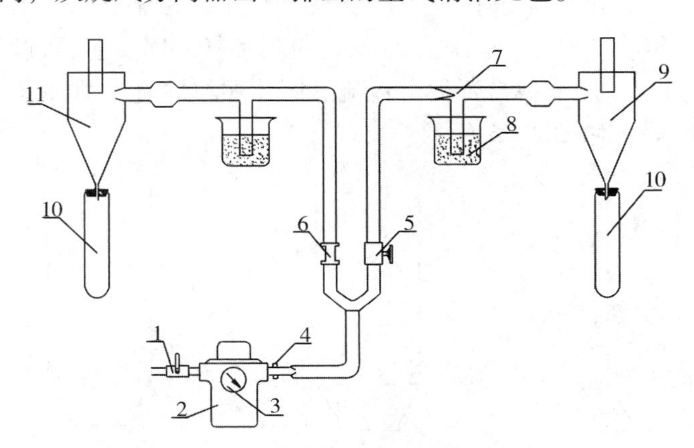

图2－4　旋风分离器和对比模型装置流程示意图

1－总气阀；2－过滤减压阀；3－压力表；4－节流孔；5－旋塞；6－节流孔；7－轴吸器；8－煤粉杯；9－旋风分离器；10－灰斗；11－对比模型

然后，将煤粉杯移放到对比模型的抽吸器下方，当含煤粉的空气进入对比模型内就可看到气流是混乱的，基本不产生旋转运动，所以煤粉的分离效果差，一些粒度较小的煤粉不能沉降下来而随气流从出口喷出，可以看见出口冒黑烟，如果用白纸挡在对比模型出口的上方，白纸将会被煤粉熏黑。

演示说明旋转运动能增大尘粒的沉降力，旋风分离器的旋转运动是靠切向进口和容器壁的作用产生的。若演示所用的煤粉粒径较大，由于惯性力的影响和截面积变大引起的速度变化，这些大煤粉颗粒会沉降下来，仅有小颗粒煤粉无法沉降而被带走。这现象说明，大颗粒是容易沉降的，所以工业上为了减少旋风分离器的磨损，先用其他更简单的方法将它预先除去。

【思考题】

1. 旋风分离器的工作原理是什么？
2. 旋风分离器的分离效果主要受哪些因素的影响？
3. 旋风分离器在制药生产中有哪些具体应用？

实验十二　固体流态化实验

【实验目的】

1. 观察固定床向流化床转变的过程，加深对液－固流化床和气－固流化床流动特性差异的理解。
2. 学习流体通过颗粒层时流动特性的测量方法。
3. 测定临界流化速度，并绘制出流化曲线图。

【基本原理】

固体流态化是借助气体或液体的流动带动固体小颗粒，使之像流体一样作流动的现象，简称为流态化。目前，流态化技术广泛用于化工、冶金、医药等领域，用于处理粉粒物料的输送、混合、涂层、换热、干燥、吸附和气－固反应等过程。

1. 固体流态化过程 当流体自下而上地流过固体颗粒层时，随着流体流速的不同，会出现三种不同的阶段，如图 2－5 所示。

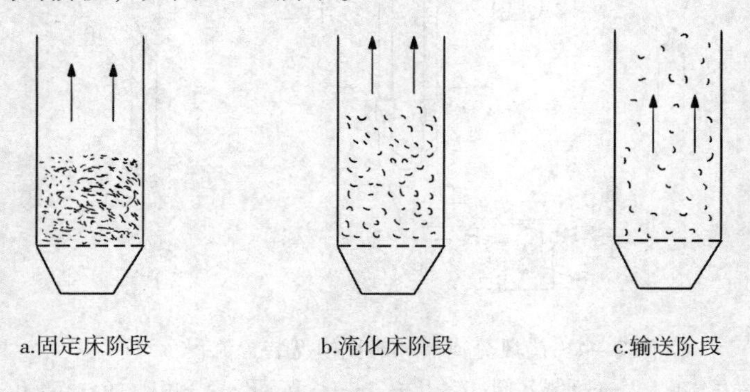

图 2－5 固体颗粒流态化过程的三个阶段示意图

（1）固定床阶段 当流体的流速较低时，流体在固体颗粒层的空隙中流过，颗粒基本上保持静止不动，这样的颗粒层通常称为固定床，如图 2－5a。

（2）流化床阶段 当流体流速继续增加到某一数值时，颗粒开始松动，床层开始膨胀，颗粒也会在一定范围变化位置。流体流速再增加时，固体颗粒“浮起”开始悬浮在上升的流体中，并作上、下、左、右不规则翻腾，床层的上界面也会上下波动起伏，犹如沸腾的液体一样，此时形成的床层称为流化床，如图 2－5b。由固定床转化为流化床时的流体速度称为临界流化速度，只要流体速度保持在颗粒的临界流化速度与带出速度之间，颗粒即能在床内形成流化状态，而这两个临界速度一般均由实验测出。

（3）颗粒输送阶段 如果继续提高流体的流速，固体颗粒将不再保持流化而是被流体带走，此时床层上部的界面消失，这个阶段称为输送阶段，如图 2－5c。

2. 固体流态化的分类 流态化按其性状的不同，可分为散式流态化和聚式流态化两类。

散式流态化一般发生在液－固系统，此种床层从开始膨胀直到颗粒输送阶段，床内颗粒的扰动程度是平缓地加大的，床层的上界面较为清晰。

聚式流态化一般发生在气－固系统，这也是目前工业上应用较多的流化床形式。从流态化开始，床层的波动逐渐加剧，但其膨胀程度却不大。因气体与固体的密度差别很大，气体要将固体颗粒托起来比较困难，所以只有小部分气体在颗粒间通过，大部分气体则汇成气泡穿过床层，而气泡在上升过程中逐渐长大和互相合并，到达床层顶部则破裂而将该处的颗粒溅散，使得床层上界面起伏不定，颗粒则很少分散开来各自运动，而多是聚结成团地运动，被气泡托起或挤开。

聚式流化床中有以下两种不正常现象。

（1）腾涌现象 当床层进入流化状态后，如果床层高度与直径的比值过大，气速过高时，就容易产生气泡的相互聚合而成为大气泡，在气泡直径长大到与床径接近或相等时，就将床层分成几段，床内物料以活塞推进的方式向上运动，在达到上部后气泡破裂，部分颗粒又重新回落，这即是腾涌。腾涌可严重地降低床层的稳定性，使气固之间的接触状况恶化，并使床层受到冲击，发生震动，损坏内部构件，加剧颗粒的磨损与带出，是十分有害的不正常现象。

（2）沟流现象　在大直径床层中，由于颗粒堆积不匀或气体初始分布不良，可在床内局部地方形成沟流。此时，操作的流速已经达到或超过临界流化速度，但床层并不流化，床层的某些部分被气体吹成一条沟道，大量气体经过此沟道而短路，而床层的其余部分仍处于固定床阶段而未被流化（死床）。显然，当发生沟流现象时，气体不能与全部颗粒良好接触，将使工艺过程严重恶化。颗粒的性质、床高、设备结构、气速等因素都会影响沟流的产生。

3. 流体流过颗粒物料层时流速与压力降的关系　要使固体物料在流化床内处于良好的流化状态，必须使操作流化速度大于临界流化速度，小于带出速度，操作流化速度是流化床设计的一个重要参数。

临界流化速度可由经验公式通过计算求出，且公式也很多，但因计算方法受到所选用公式精确度的限制，都有一定的局限性，一般误差比较大，若要获得比较正确的临界流化速度，最好还是用实验方法确定。

测定时，使流体的流量逐渐增大，床层由固定床转入流化床，然后，再使流体的流量逐渐减少，使床层回到固定床。由测得到的一系列对应的压降 Δp 和速度 u 值，在双对数坐标上可绘制出 $u \sim \Delta p$ 曲线，如图 2－6 所示。

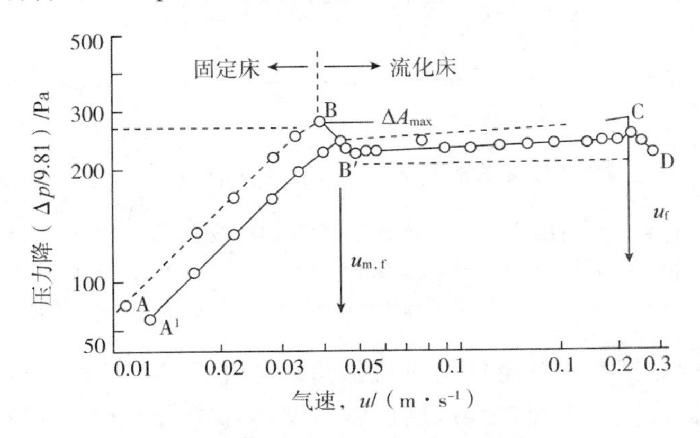

图 2－6　流化床压降 Δp 与流体速度 u 的关系曲线

图中 AB 段为固定床阶段，由于流体在此阶段流速较低，通常处于层流状态，压力降 Δp 与表观速度 u 的一次方成正比，故该段为斜率等于 1 的直线。图中 A′B′段表示从流化床回复到固定床时的压降变化关系，由于颗粒流化状态落下所形成的床层较人工装填的疏松一些，因而压力降也小一些，故 A′B′线段处在 AB 线段的下方。

图中 BC 段为流化床阶段，为一水平线，由于流化床中颗粒总量保持不变，故压力降 Δp 恒定不变，与流体速度无关。注意，图中 BC 段略向上倾斜是由于流体与器壁及分布板间的摩擦阻力随流速增大而造成的。水平线 BC 和 A′B′线的交点可以确定出临界流化速度。

图中CD段向下倾斜，表示此时由于某些颗粒开始被上升流体带走，床内颗粒量减少，平衡颗粒重力所需的压力自然不断下降，直至颗粒全部被带走。

根据流化床恒定压差的特点，在流化床操作时可以通过测量床层压降来判断床层流化的优劣。如果床内出现腾涌，压降将有大幅度的起伏波动；若床内发生沟流，则压降较正常时为低。

【装置与流程】

实验设备由水、气两个系统组成的，其流程如图2－7所示。两个系统各有一透明二维床，床底部为多孔板均布器，床层内的固体颗粒为石英砂。

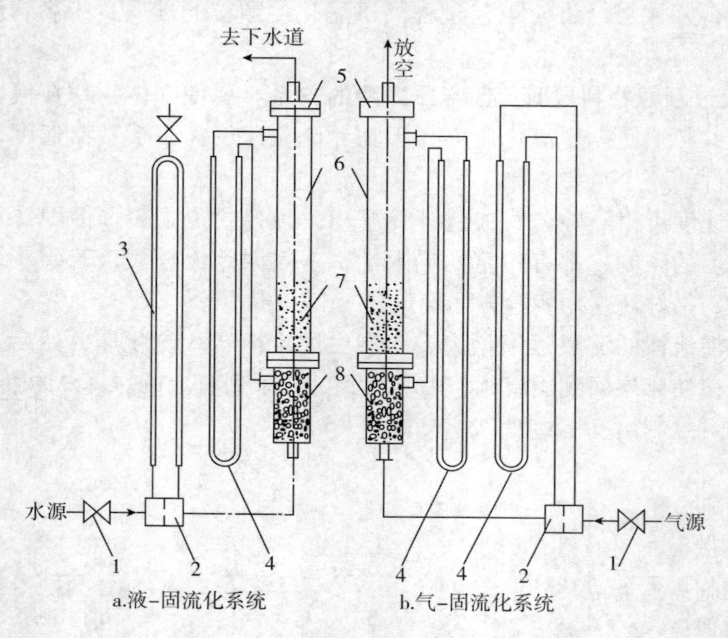

图2－7　固体流态化装置流程示意图

1－阀门；2－流量计；3－压差计；4－U型压差计；5－滤网；
6－柱体；7－固体颗粒填充层；8－分布器

采用空气系统做实验时，空气由风机供给，经过流量调节阀、转子流量计、气体分布器进入分布板，空气流经二维床层后由床层顶部排出。通过调节空气流量，可以进行不同流动状态下的实验测定。设备中装有压差计指示床层压降，标尺用于测量床层高度的变化。

采用水系统实验时，用泵输送的水经过流量调节阀、转子流量计、液体分布器送至分布板，水经二维床层后从床层上部溢流至下水槽。

【操作步骤】

1. 实验前检查装置中各个开关及仪表是否处于备用状态。
2. 测定静止床层的高度。
3. 启动风机或泵，由小到大改变流体的流量（注意，不要把床层内的固体颗粒带出），记录对应的压差计和流量计读数变化，同时注意观察床层高度变化及临界流化状态时的现象。

4. 由大到小改变流体的流量，重复步骤 3，注意操作要平稳细致。

5. 关闭电源，测量静止床高度，比较操作前后两次静止床层高度的变化。

6. 实验中需注意，当流量调节至临界点时，应更加注意精确细致地调节阀门，并注意床层变化情况。

【数据记录与整理】

1. 设计实验数据记录表格，将实验结果填写在表格中，同时记录实验的基本参数。

2. 在双对数坐标中绘制 $u \sim \Delta p$ 关系曲线，并确定临界流化速度。

3. 对实验中观察到的现象，运用气（液）体与颗粒运动的规律加以解释。

【思考题】

1. 临界流化速度与哪些因素有关？

2. 由小到大改变流体的流量与由大到小改变流体的流量，测定的流化曲线是否重合？为什么？

3. 实际流化时，由压差计测得的压力降为什么会波动？

4. 流化床底部流体分布板的作用是什么？

实验十三　超临界流体萃取

【实验目的】

1. 掌握超临界 CO_2 流体萃取的工作原理与基本流程。

2. 掌握夹带剂在超临界 CO_2 萃取中的作用及根据物料性质选择合适的夹带剂。

3. 理解超临界流体及其特性。

4. 了解萃取压力、萃取温度和萃取时间对萃取效率的影响。

【基本原理】

萃取是利用不同物质在选定溶剂（称为萃取剂）中溶解度的不同来分离液体或固体混合物中某一组分（溶质）的操作。超临界流体萃取是以超临界流体作为萃取剂选择性地溶解液体或固体混合物中溶质的传质分离过程，它是现代化工分离中出现的新学科，是目前国际上的一种先进的分离技术。

超临界流体是指温度和压力高于临界温度和临界压力的流体，此时气、液界面消失，体系的性质均一，不再分为气体和液体，为了避免与通常的气体和液体混淆，称其为超临界流体。超临界流体具有十分独特的物理化学性质，具体如下。

（1）超临界流体的密度接近于液体，具有与液体溶剂相当的溶解能力和萃取能力。

（2）超临界流体的黏度小，接近于气体，自扩散系数介于气体和液体之间，比液体大 100 左右，所以超临界流体的流动性要比液体好得多，传质系数远大于液体，因而超临界流体中的传质速率大于溶剂萃取，可以作为很好的溶剂使用。

与一般液体不同，在临界点附近，超临界流体压强或温度的微小变化都会使其密度产生较大的变化，从而使溶质在超临界流体中的溶解度相应也产生相当大的变化，溶质在超临界流体中的溶解度随超临界流体的密度增大而增加。利用这一性质，可在较高压力下使溶质溶解于超临界流体中，然后降低超临界流体的压强或升高其温度使超临界流体的密度降低，溶解于超临界流体中的溶质就会因溶解度的降低而析出。操作时，将物料装入萃取器，超临界流体在压缩机的驱动下，在萃取器和分离器之间循环。在萃取器中溶质溶解在超临界流体中，离开萃取器，经节流阀节流降压后进入分离器，溶质析出后自分离器底部排出，超临界流体则进入压缩机经压缩后循环使用。

能够被用作超临界流体的溶剂种类很多，例如 CO_2、乙烷、乙烯 、丙烯、甲醇、乙醇、氨、水等，但目前研究及应用最多的还是 CO_2，与常规的提取分离方法相比，其萃取过程具有以下特点。

（1）CO_2的临界压力（7.38MPa）较低且临界温度（31.1℃）接近于常温，容易达到，且无色无毒、化学惰性、使用安全、价廉易得，因而实用价值最大，是首选的清洁型工业萃取剂。

（2）流程简单，操作范围广，便于调节。

（3）超临界流体的萃取能力取决于其密度，通过控制压力和温度改变其密度，从而实现对中草药中某些有效成分的提取分离。

（4）特别适用于热敏性物质。操作温度低，在接近于室温下连续进行萃取，系统封闭，排除了遇空气氧化和见光反应的可能性。且能保持原物料的自然香气，这是其他提取方法所无法比拟的。

（5）从萃取到分离可一步完成，溶剂回收简单方便，节省能源。且萃取后 CO_2不残留于萃取物中，无溶剂残留问题。

（6）检测、分离分析方便。能与 GC、IR、MS、GC/MS 等现代分析手段结合起来，高效、快速地进行药物、化学或环境的在线或非在线分析。

（7）CO_2易得且可循环使用，几乎不产生新的三废，属于可持续发展的绿色环保产业。

（8）超临界流体萃取的局限性是对水溶性强的极性化合物提取比较困难，通过加入适宜夹带剂可得到改善和提高。

【装置与流程】

本实验装置及流程如图 2-8 所示，主要由萃取釜、分离器、高压计量泵、CO_2钢瓶、制冷液化器、热交换器、安全保护装置及阀门和管件等组成。操作时，将粉碎称量后的样品置于萃取釜 6 中，从 CO_2钢瓶 1 放出的 CO_2经制冷装置 2 冷凝成液体后，经高压计量泵 3 增压和热交换器 5 加热，成为超临界 CO_2流体，然后进入萃取釜 6 中进行萃取。溶有溶质的超临界 CO_2流体经减压阀 18 和 19 减压后进入分离器 7 和 8 中进行分离。分离溶质后的 CO_2由减压阀 21 进入制冷系统，经高压计量泵和换热器后再次循环使用。

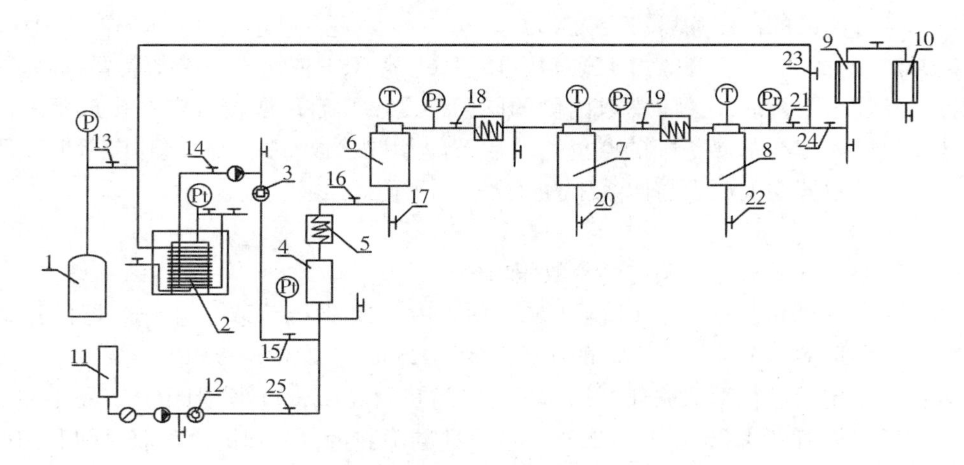

图2－8　超临界流体萃取实流程示意图

1－ CO_2钢瓶；2－冷却装置；3－泵；4－混合器；5－换热器；6－萃取釜；7－分离釜Ⅰ；8－分离釜Ⅱ；9－缓冲罐；10－消音罐；11－夹带剂罐；12－泵；13、14、15、16、17、18、19、20、21、22、23、24、25－阀门

【仪器、设备与材料】

1. 仪器设备　超临界CO_2流体萃取装置、天平、粉碎机、烘箱。

2. 材料和试剂　CO_2气体、无水乙醇（分析纯）、三氯甲烷（分析纯）、乙酸乙酯（分析纯）、中药材（如独活）。

【操作步骤】

1. 准备工作（可根据实验学时的计划，由教师完成或学生完成）

（1）将中药原料（如独活）在粉碎机内适当粉碎，约200～400g。

（2）检查各有关电源连线是否正确，管路接头以及各连接部位是否牢靠。

（3）将蒸馏水加入各换热器内至规定的范围，但也不宜太满。每次开机前查水位，不够时应及时补充，同时检查循环水泵是否正常。

（4）检查压缩机油面线是否在正常位置。

（5）检查CO_2气瓶的压力是否保证在5MPa以上。

（6）检查制冷装置的冷却水是否畅通，液面是否适当，搅拌泵是否正常。

2. 实验操作步骤

（1）装料　关闭萃取釜两侧的阀门，慢慢开启放空阀，使萃取釜中压力降为常压后，打开萃取器，并取出萃取釜，将预先准备的物料（如独活）准确称量后，倒入萃取釜中，将萃取釜装入萃取器，装上密封圈，再放入通气环，盖好压环和堵头，密封好萃取釜。

（2）开机

①打开总电源，三相电源指示灯亮。

②开制冷机电源，将制冷系统的温度控制器调在0℃左右，同时接通水循环开关。

③接通萃取器、分离器的加热开关，将各控温仪调整设定到所需的温度。本实验

中萃取器和分离器的温度均可设定为40℃。

④当制冷开始时，打开阀门13、14、15、16，使CO_2依次进入冷却装置、高压泵、萃取器，待压力平衡后，关闭萃取两侧的阀门，慢慢开启萃取器放空阀排放萃取器中的气体，排除残留在萃取釜中的空气。然后关闭萃取器放空阀，慢慢开启萃取其两侧的阀门，使萃取器中的压力与体系压力再次达到平衡。

（3）萃取

①启动泵，开始升压到预定的萃取压力值。

②当压力达到设定值时，用阀门16、18、19、21进行萃取釜和分离器的压力调整。实验中萃取器、分离器Ⅰ和Ⅱ的压力分别为25MPa、8MPa、5MPa。

③压力稳定后进行萃取循环，每隔一定时间间隔（20min）分别在分离器Ⅰ和Ⅱ的收集口下，慢慢打开阀20和22，收集萃取物并准确称量，分别记录萃取时间和相应萃取物的重量，萃取2h。

（4）卸料

①关闭制冷机、高压泵以及加热循环等分电源开关，最后关闭总电源。

②调节阀18、19和21使系统压力达到平衡，关闭萃取器进出口阀门，慢慢开启萃取器放空阀，使压力降到常压后，打开萃取器盖取出料筒，倒出物料进行称重。

按照上述的操作，还可考察萃取压力、萃取温度、流体流量、夹带剂等对萃取率的影响。

【数据处理与结果讨论】

1. 萃取率的计算。

$$萃取率（\%）=（萃取物重量/原料重量）\times 100\%$$

2. 在直角坐标纸上，绘制不同萃取时间与相应萃取率的关系曲线，讨论萃取时间对萃取率的影响，初步确立在该实验条件下的最佳萃取时间范围。

【注意事项】

1. 本实验装置是高压实验装置，首先应对照装置流程图熟悉其流程和操作，运转时不得离开实验岗位，发生异常情况时要立即断开总电源开关并进行检查。

2. 开启高压泵后，要不断观察升压情况。装、卸料操作须在萃取器的压力为常压时才能够进行。

3. 实验过程中，要经常检查各加热水箱的水位及水温情况，各电机是否运转正常。

【思考题】

1. 超临界流体具有哪些特性？

2. 超临界流体萃取过程的主要参数是什么？

3. 与传统的溶剂萃取法相比，超临界CO_2流体萃取有哪些独特的优点？

4. CO_2作为最常用的超临界流体萃取的溶剂，优势有哪些？

5. 夹带剂在超临界流体萃取中的作用？

6. 超临界流体技术在药学领域中还有哪些应用？

实验十四 喷雾干燥

【实验目的】

1. 掌握喷雾干燥的基本原理、设备及流程。
2. 熟悉喷雾干燥的主要特点及应用范围。
3. 熟悉进风温度、进料量、进风量、流速等对干燥过程的影响。
4. 了解雾化器的基本形式及选择原则。

【基本原理】

喷雾干燥是一项先进的干燥技术，其工作原理是将物料（溶液、浆液、乳浊液或悬浮液等）通过雾化装置雾化成细小的雾滴，与干燥介质（热空气）以逆流、并流或混合流方式接触，进行快速的热量交换和质量交换，使湿物料中的水分迅速汽化并被干燥介质带走，从而获得粉状或颗粒成品的干燥过程。

喷雾干燥不需要将物料预先进行机械干燥分离，而是直接将物料液雾化成几十微米的小液滴，直径为 10～60μm，通常 1kg 料液雾化后液滴的表面积可达到 100～600m^2，所以热交换非常迅速，水分汽化极快，干燥时间很短，仅为 5～30s，得到颗粒粒径为 30～50μm 质量较好的产品，能保持物料原来的色泽和香气，具有很好的溶解性，适用于中成药及其他热敏性物料的干燥。

与其他干燥器相比，喷雾干燥的主要特点是：①干燥速度快、时间短——瞬间干燥，适合热敏性物料；②可连续、自动化生产，操作稳定；③可实现从液体到固体的一步干燥过程，省去了蒸发、结晶和粉碎等操作；④产品质量好，如果对产品有特殊需要，还可以在干燥的同时制成微粒产品，即喷雾造粒；⑤干燥过程中无粉尘飞扬，劳动条件较好；⑥热效率低，单位产品的耗热量大。目前，在化学工业的造粒，食品工业的饮料、奶制品、香料等制造，制药工业的药品生产等方面都有十分广泛的应用。

料液的雾化是实现喷雾干燥的最基本条件，其主要依靠雾化器完成，常用的雾化器有气流式、压力式和离心式等形式。实验中采用气流式，即物料在喷嘴的中间管向下流过，经压缩机加压的空气在喷嘴的环隙流过，当离开出口时，由于两者的相对流速很大，由此产生的摩擦力将浆液拉成长丝，并在较细处断裂从而形成更小的雾滴。操作时，料液从塔顶部的喷嘴垂直向下雾化并与从顶部进入的热空气并流接触一同流向塔底，在雾滴还未达到塔壁之前就完成干燥过程，在重力作用下粉粒沿塔壁至塔底与气流一同进入旋风分离器，粉粒与气体分离，旋风分离器下部的收集器收集得到产品。

雾化器将料液雾化形成雾滴的大小对产品质量、设备生产能力和干燥过程的能量消耗影响很大，此外其大小和分散度与浆料物性、湿含量、黏度、气液量之比、气体喷射速度等因素有关。

【装置与流程】

如图 2－9 所示，喷雾干燥器系统由 3 部分组成，即：①由空气过滤器、加热器和风机所组成的干燥介质（空气）的加热和输送系统；②由雾化器和干燥室组成的喷雾干燥系统；③由旋风分离器和袋滤器等组成的气固分离系统。

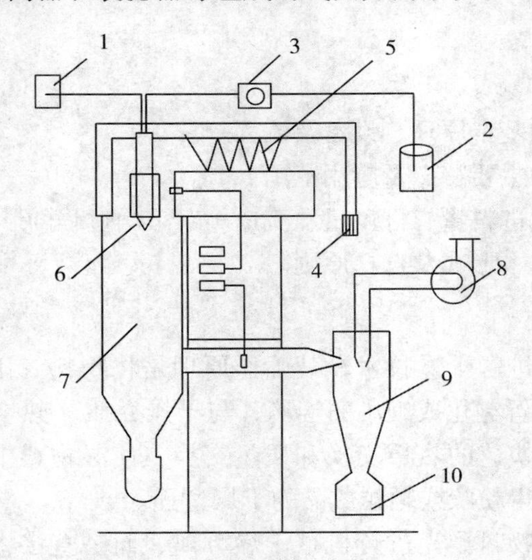

图 2-9　实验型喷雾干燥器示意图

1-压缩空气调节器；2-料液瓶；3-进料蠕动泵；4-空气过滤器；5-加热器；6-雾化器；7-喷雾干燥室；8-离心风机；9-旋风分离器；10-产品收集器

压缩机提供的压缩空气经压缩空气调节器 1 进入雾化器 6。料液由进料蠕动泵 3 控制进入雾化器 6，雾化器在压缩空气的作用下将料液雾化进入干燥室 7。空气经滤后，在加热器 5 加热至预定的温度后，进入干燥室 7，与雾滴并流向下运动进行干燥，将雾滴中的湿分去掉，湿分进入热空气中。干燥后的产品被热空气流带入旋风分离器 9 进行气固分离。

【操作步骤】

1. 打开主机电源，主机自检，正常显示实际的温度、风机的开度、进料的大小等。

2. 启动风机和启动加热器进行预热，根据物料的特性和含固量的多少，设定进口温度。

3. 进口温度达到设定值时，调节风机的开度，打开压缩空气的阀门调节空气的流量。

4. 进出口温度都稳定后，启动蠕动泵，观察物料雾化的状态、粘壁的程度和出口温度的变化情况。各种物料的进、出口温度应根据其工艺特性决定，也与物料的浓度、黏度、相对密度等有关。

5. 根据物料的干燥情况，调整进口温度、进料量、风机的开度，并注意观察系统的真空度。

6. 干燥完成后，先停止蠕动泵和加热，等进出口温度降低后，才能停风机，卸下收集器，取出物料可进行有关指标的测试。

7. 以上工作完成后，将雾化器、旋风分离器、收集器和干燥室清洗干净，关掉压缩机和主机电源。

【注意事项】

1. 料液的配制。用天平称取一定量的干粉状固体物，量筒量取一定体积清水，配制成一定浓度的料液。一般固含量在20%～30%间比较合适。

2. 产品含水量的测定。将收集到的产品称重得 W（g）后，放入恒温干燥箱，在95℃左右温度下干燥12h后，得到绝干产品量 W_c（g），产品含水率 w 为

$$w = \frac{W - W_c}{W} \times 100\%$$

3. 为防止有较大的颗粒物堵塞喷头，操作前应对浆料进行过滤处理，工作结束时，喷头也一定要用清水清洗干净。

4. 切忌在喷料液时拆卸或更换收集器，否则会有大量的物料飞出。

5. 正常操作时，玻璃干燥塔温度较高，且勿用手触摸。

6. 喷雾操作前一定要用清水做一次预喷雾操作，方法是将蠕动泵的进料管放入清水烧杯内，开启蠕动泵，观察雾滴分散情况，通过调节进风压力或进料量选取适宜条件。

【数据记录与处理】

1. 记录实验技术指标与结构参数（表2－1）。

表2－1 喷雾干燥实验技术指标记录

编号	喷嘴的进风压力	进气温度	压缩空气流量	空气流量
1				
2				
3				
4				
5				
6				

2. 计算各操作条件下产品的含水量。

3. 使用筛分法或粒度测定仪测定产品粒度分布，高倍放大镜观察粒子形状。

【思考题】

1. 为什么在喷雾操作前必须对浆料进行过滤处理？

2. 喷雾干燥装置工作的基本原理是什么？

3. 粘壁现象产生的原因有哪些？可采取哪些措施？

4. 并流喷雾干燥的优点有哪些？

第三章　实验误差分析与数据采集、处理

化工基础实验与其他化学课程实验一样，也是通过仪器、仪表对所研究的对象进行直接或间接的观察和测量，并将所得的原始数据经过加工处理，寻找有关变量之间规律的过程。但是，实验中由于仪器、仪表、测量方法、实验人员的观察态度和方法等原因，使得实验观察值与真值之间存在一定的差异，测量值也不可能完全一致。

一、实验数据的误差分析

实验测量值与真值之差称为误差，对误差进行估计和分析，对于评价实验结果和设计方案非常重要。

1. 真值与平均值　物理量客观存在的确定值称为真值，当测量次数无限多时，若正、负误差出现的概率相同，则测定结果的平均值可以无限趋近于真值，但实际实验中的测量次数总是有限的，对于有限的测量次数，其测量结果的平均值只能近似地接近于真值。测量值与平均值的差称为残差。

2. 误差的分类及表示方法　根据误差产生的原因和性质，可将其分为系统误差、随机误差和过失误差。

系统误差是由某些固定不变的因素引起的。例如，在同一条件下多次测量时，误差的绝对值和符号保持恒定不变，或随测量条件变化而有一定规律变化的误差等。引起系统误差的原因有环境因素、仪器因素、测量方法和测量人员等；随机误差是由某些难以控制的因素造成的，如相同条件下多次测量时，误差时大时小、符号时正时负、没有确定的规律，可通过增加测量次数减小随机误差；过失误差主要由于实验人员的粗心大意，如操作失误、记录错误等引起的，这种误差与实际结果明显不符，相差较大。

化工实验中常用的误差表示方法有绝对误差、相对误差、算术平均误差和标准误差。

（1）绝对误差　在测量中，某次测定值 x 与真值 X 之差称为绝对误差。实验测量中常以最佳值——平均值 $\bar{x}$ 代替真值，则绝对误差 d_i 可表示为

$$d_i = x_i - \bar{x} \tag{3-1}$$

（2）相对误差　相对误差 d_n 是指绝对误差 d_i 与真值（或最佳值 $\bar{x}$）之比，表明了测量的准确度，常用百分数表示，即

$$d_n = \frac{d_i}{\bar{x}} \times 100\% \tag{3-2}$$

（3）算术平均误差　通常将各项测量误差的平均值定义为算术平均误差，即

$$\delta = \frac{\sum_{i=1}^{n} |x_i - \bar{x}|}{n} = \frac{\sum_{i=1}^{n} |d_i|}{n} \tag{3-3}$$

（4）标准误差　标准误差简称标准差，表示各测量值对最佳值的偏离程度，衡量测量数据的精密度，表达式为

$$\sigma = \sqrt{\frac{\sum_{i=1}^{n}(x_i - \bar{x})}{n}} = \sqrt{\frac{\sum_{i=1}^{n} d_i^2}{n}} \quad (n \to \infty) \tag{3-4}$$

3. 精密度与准确度　测得数据重复出现的程度称为精密度。精密度的高低取决于随机误差的大小，若测量值彼此接近，则测定精密度高；反之，若数据分散，则精密度就低，说明随机误差的影响较大。由于平均值反映了测量值的几种趋势，所以，绝对误差 d_i的大小也就体现了精密度的高低。

准确度表示测量值与真值的接近程度，其高低反映了系统误差和随机误差对测量值影响的大小。

4. 有效数字　合理确定实验数据的有效位数，是研究数据误差的内容之一。实验直接测量的数据或计算结果中，认为一个数值小数点后的位数越多越精确，或计算结果保留位数越多越精确都是不正确。因为数据处理时要求数据的有效数字和误差相匹配，有效数字位数的多少，与仪器、仪表的精度，测量的精度以及计算的精度有关的。例如，使用标尺最小刻度单位为毫米（mm）的 U 形管液体压力计测定某系统压强，其读数为 34. 8mm，则最后一位数字 8 就是估计值。若将其读取为 34. 83mm，容易给人误解为此数据的精度较高，但实际上最后一位数字 3 是没有价值的。因此，数据的读取、记录都不应超越仪器仪表允许的精度范围。有效数字的读取原则是，仪器仪表上刻度确定的基准单位以上的位数均为直读可靠数字，两刻度之间的一位估计值，也可视为有效数字。

有关有效数字的运算法则，这里不再赘述。

二、实验数据的采集

实验中，实验数据的采集主要考虑静态数据的测量和处理问题。数据采集的方法有直接和间接两种。直接从仪器仪表上读取数据的方法称为直接法，如用温度计测量介质的温度；间接法是指由直接法采集的数据经过一定的函数关系计算后，才能确定结果，如用孔板流量计测量流体的流量时，是利用压差计测量出孔板前后的压差，再代入孔板流量计的公式

$$V_S = C_0 A_0 \sqrt{\frac{2gR(\rho_i - \rho)}{\rho}} \tag{3-5}$$

计算出流体流量，此时流量 V_S即为间接采集的物理量。

1. 实验数据的人工采集

（1）预先制备好实验记录表格，做到条理清晰，确保数据完整无误。

（2）根据实验要求合理选择测量仪器仪表的精密等级。

（3）测试前和测试中应经常调整零点读数，以减少零点漂移的影响。

（4）当实验数据有波动或仪器重复性较差时，应将在同一条件下的同一物理量至少测定三次，而后取平均值作为该物理量的测量值。

（5）实验过程中，须仔细操作仪器以减少误差，读数应认真、规范。

2. 实验数据的自动采集 计算机数据自动采集系统如图 3－1 所示，它是指将过程中某些物理参量（如温度、压力、流量、液位及成分等）通过传感器转化为直流电信号，并将其通过放大器放大，转化为 0～5V 的直流电信号，在通过 A/D 转化器转化为数字量，经过 I/O 接口送到计算机中存储起来。

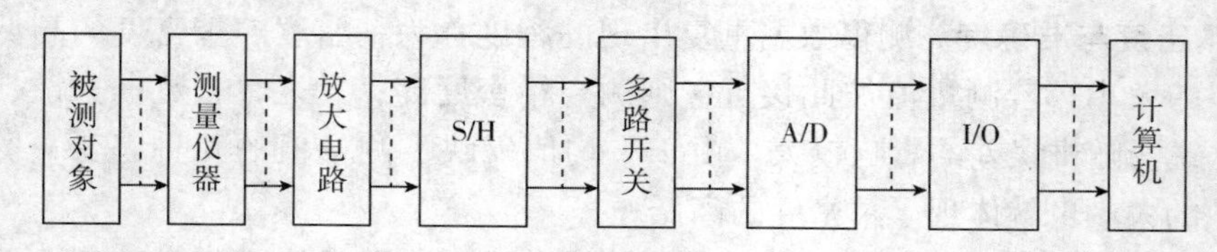

图 3－1 计算机数据自动采集系数示意图

由于化工实验过程比较复杂，常需要把多个物理量的信号都送入到计算机中处理。但计算机只能分时将测量仪器中传感器检测到的信号，经放大器放大后送到采样/保持器（S/H），S/H 根据系统的要求再进行采样并保持其采样值。多路开关从 S/H 输入数据中选择一路送到 A/D 转换器进行模拟/数字转化。转换后的数字量经输入/输出(I/O)接口到计算机中。

传感器的主要作用是把被测参量（如温度、压力、流量、液位等各种非电量）转换为电量，以便进行测量。

放大器的作用是把从传感器输出的微弱信号加以放大，转化为 0～5V 直流电，以便和计算机模拟量一同输入通道接口，同时也对检测信号进行滤波、降低噪音、增益控制和阻抗变换等。

S/H 的功能是对被转化的信号进行采样，并在 A/D 转化过程中保持参数值不变。由于 A/D 完成一次转化需一定的时间，在转换期间高速变化的信号可能已经发生了变化。

多路开关相当于一个模拟开关，它分时地将各被测参量与一个共用的 A/D 转换器接通，以进行 A/D 转化。

A/D 转换器的作用是把被测参量的模拟量（前段输入的 0～5V 直流电信号）转换成计算机能够识别的二进制数字量，其量化的过程是用一基准电压 U_{REF} 来量度模拟电压 U_A，输出的数字量为 $D_{OUT}=U_A/U_{REF}$。

使用计算机数据采集系统时，为了获得正确有效的数据，必须正确选择采样频率和采用周期。

采样频率的选择是依据香农（Shannon）定理，即采样不失真的条件是采样频率不低于被测信号中所含最高频率的 2 倍。而采样周期的选择至少应大于被测信号变化的周期。据此确定的经验数据是：流量和压力信号的采样周期分别为 1～5s 和 3～10s；温度、成分的采样周期是 15～20s。

计算机数据采集系统必须由采样程序加以控制。通常，可以采用高级语言编程。对于采样频率要求较高的实验，可以用汇编语言编制采样程序，但因其繁琐，故可用“软件接口”，即用高级语言调用汇编语言编写的采样子程序进行采样、数据存放，然后，用高级语言程序取出存放于内存中的数据再进行处理，具体指令的编制方法可参照相关专著。

三、实验数据的处理

实验工作结束后，需对实验数据进行整理，目的是将实验中获得的大量数据，整理成各变量间的定量关系，以便进一步分析实验现象，得出规律，指导生产和设计。在化工基础实验中，数据处理方法主要有列表法、图示法和回归分析法等。

1. 列表法　列表法是将实验直接测定的一组数据，或根据测量值计算得到的一组数据，以一定的顺序一一对应列出数据表，通常是整理数据的第一步，为标绘曲线图或整理成方程打下基础。

实验数据表可分为原始数据表和整理计算数据表两类。原始数据记录表是在实验工作进行之前就已经设计拟定好的，须清楚地标示出实验条件、所有待测物理量及其符号和单位等。而整理计算数据表，针对具体实验项目，又可分为中间计算结果表（体现实验过程中主要变量的计算结果）、综合结果表（体现实验得出的结论）和误差分析表（体现实验值和参照值或理论值的误差范围）等。这些表格既要能表达各物理量间依从关系的计算结果，又要简明扼要地表现实验所得的结论。表格内的所有数据都应按照测量精度和有效数字的取舍原则填写。对较大或较小的数据，采用科学记数法表示。即以“物理量的符号 $\times 10^{\pm n}$/计量单位”的形式记入表头栏内，表头中 $10^{\pm n}$ 与表中数据应服从如下关系

$$物理量的实际值 \times 10^{\pm n} = 表中数据$$

此外，使用电子制表软件 Excel 可非常方便地整理实验数据，它不仅具有一般电子表格软件所包含的数据处理、制表和图形功能，而且还具有智能化的计算和数据处理功能，可对记录进行修改、添加、删除、排序等处理。Excel 还可方便地链接或调用 dBase、FoxPro、Visual DataBase 等数据库软件产生的数据库文件（*.dbf），并将其作为 Excel 的文件来管理和加工，也可以将 Excel 文件转存为 *.dbf 数据文件供上述数据库使用。

列表法简单易行，形式紧凑，便于比较，但存在不易观察变量间的变化规律的缺点，所以需要进一步将其转化为图形。

2. 图示法　图示法是依照因变量和自变量的依从关系，将实验结果整理描绘成图形表示出来。该法能简明直观地将各变量之间的变化规律和变化趋势等显示出来，以便分析研究和比较不同条件下的实验数据，是数据处理的重要方法之一，在化工实验中经常使用。采用图示法处理实验数据时，可按照以下步骤进行。

（1）选择坐标纸　选择坐标纸主要是选择坐标纸的类型和坐标的分度。化工研究中常用的坐标纸主要直角坐标纸、半对数坐标纸和对数坐标纸 3 种类型（图 3－2 和图 3－3），需根据实验结果表现的函数形式进行选择。因为实验曲线以直线最易描绘，数据处理和使用也最为方便，所以处理数据尽量使曲线直线化，可根据不同情况将变量加以变化或选择不同的坐标纸实现。

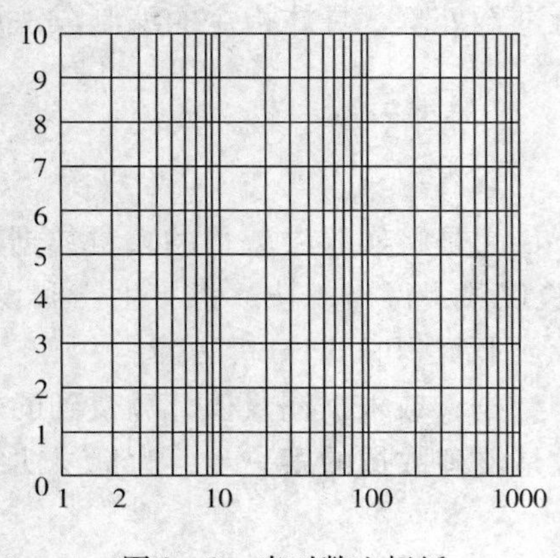

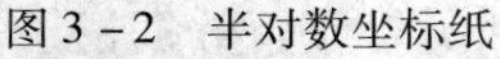
图 3-2　半对数坐标纸

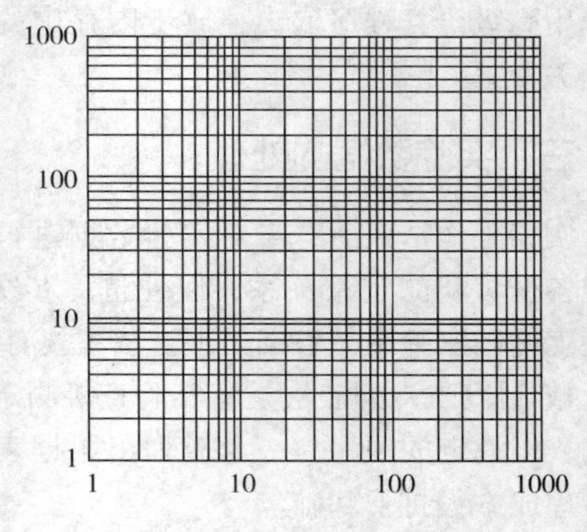

图 3-3　双对数坐标纸

在化工实验中，对于常遇到 $y=ax+b$ 的函数关系，选择普通的直角坐标纸即可标绘出一条直线；对于 $y=ax^n$ 的幂函数关系，标绘在直角坐标纸中是一条曲线，但如果将该等式量边取对数可得

$$\lg y=n\lg x+\lg a$$

可见，若将 $\lg y$ 和 $\lg x$ 标绘在直角坐标纸中可得到一条直线。此时，若选择双对数坐标纸更为方便，可将数据直接标绘在双对数坐标纸即可，避免了要将每个数据都换算成对数的麻烦。所以对 $y=ax^n$ 的幂函数关系宜选择双对数坐标纸。此外，双对数坐标还适用于：①被研究的函数 y 和自变量 x 均发生几个数量级的变化；②需要将曲线开始部分划分成展开的形式。

对数坐标具有以下特点，使用时需注意。

①对数坐标轴上的数值为真数，坐标原点为 1，而不是 0。

②坐标纸上，每一数量级的距离都是相等的，如 0.01、0.1、1、10、100 等的对数值分别为 -2、-1、0、1、2，如图 3-4 所示。

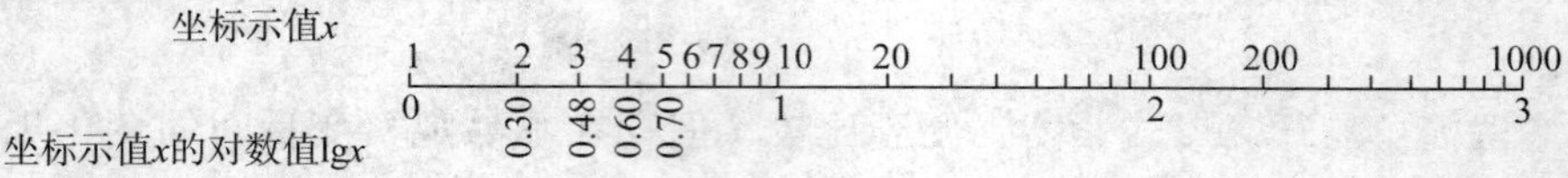

坐标示值 x　1　2　3　4　5 6 7 8 9 10　20　100　200　1000

坐标示值 x 的对数值 $\lg x$　0　0.30　0.48　0.60　0.70　1　2　3

图 3-4　对数坐标的标注方法

③对数坐标上求取斜率的方法与直角坐标不同，不能直接用坐标标度来度量，因为对数坐标轴上标度的数值是真数而不是对数，必须用对数值进行求算，这一点需特别注意。

④在双对数坐标上，直线和 $x=1$ 的纵轴相交处的 y 值，即为原方程 $y=ax^n$ 中的 a 值。如果所标绘的直线需延长才能 $x=1$ 的纵轴相交，则可求得斜率 n 之后，在直线上任取一组 x 和 y 数值，代入方程 $y=ax^n$ 中可求得 a 值。

半对数坐标纸主要适用于以下情况。

①在实验范围内，某一变量发生若干各数量级的变化。

②变量间的函数关系形式呈指数规律变化，如 $y=ae^{bx}$，该方程两边取对数的 $\lg y=$

$bx+\lg a$，$\lg y$ 与 x 成直线关系。

③实验范围内，自变量从零开始逐渐增大的初始阶段，自变量的较小变化即可引起因变量的极大变化。

坐标的分度是指每个坐标轴所代表的物理量的大小，即选择合适的坐标比例尺。坐标分度不同，即使是同一组数据所得的曲线形状也是不同的，甚至选择不当会导致图形失真。坐标分度的选择应与实验的精度一致，即最小分度值应为实验数据最后一位直读可靠数字。为了使图形美观，坐标分度值不一定从零开始。以使图形占满全幅坐标纸的原则，可用变量最小值的整数值作为坐标起点，而用略高于变量最大值的某一整数作为坐标的终点，并且横、纵轴坐标都应注明名称、单位和方向。

（2）曲线的标绘　标绘曲线应有足够的点，在坐标纸上，将各分散点连接成光滑曲线，尽可能不出现转折点，并且曲线要尽可能通过较多的实验点。如果实验中有必不可少的转折点出现，转折点的附近区域需应有较多的实验点。由于实验误差，所有的实验点不一定都在曲线上，但应均匀地分布在曲线的两侧，且各点到曲线的距离之和最小，符合曲线拟合的最小二乘原理。

（3）图形说明　为了更加明确地表明图形的意义，应在绘制好的图形下边或图中空白地方注明各曲线名称、符号意义以及实验条件等。

3. 回归分析法　在化工实验中，在很多场合下，常希望把自变量和因变量之间的关系用数学方程形式描述出来，即所谓的建立数学模型。利用该数学方程，在其适用范围内，可方便求出各点对应的数值、极值、导数及进行积分运算等。计算机技术不断取得的进展为建立数学模型及其求解提供了可能，不仅使原来繁琐的拟合计算变得快速、准确，还可以使用比较复杂的数学解析式更精确地拟合实验所得到的曲线。大多数情况下，是把实验中的得到的数据绘制成曲线，然后和已知函数关系式的典型曲线对照，从而求得经验公式，表 3－1 所示为常见的曲线与函数式之间关系。在化工研究中，准数关联式也应用非常广泛，它是把理论上分析困难、影响因素复杂的多个物理量组合成准数（无量纲数群），把相关准数关联成经验式。

表 3－1　化工中常见的曲线图形与函数关系式之间的关系

序号	曲线图形	函数式及直线化方程
1	y, 0, x（$b>0$）；y, 0, x（$b<0$）	对数函数：$y=a+b\lg x$ 令 $Y=y$，$X=\lg x$，则 $Y=a+bX$ 为直线方程，由该直线的斜率和截距可求出 a 和 b，然后再还原为对数函数

续表

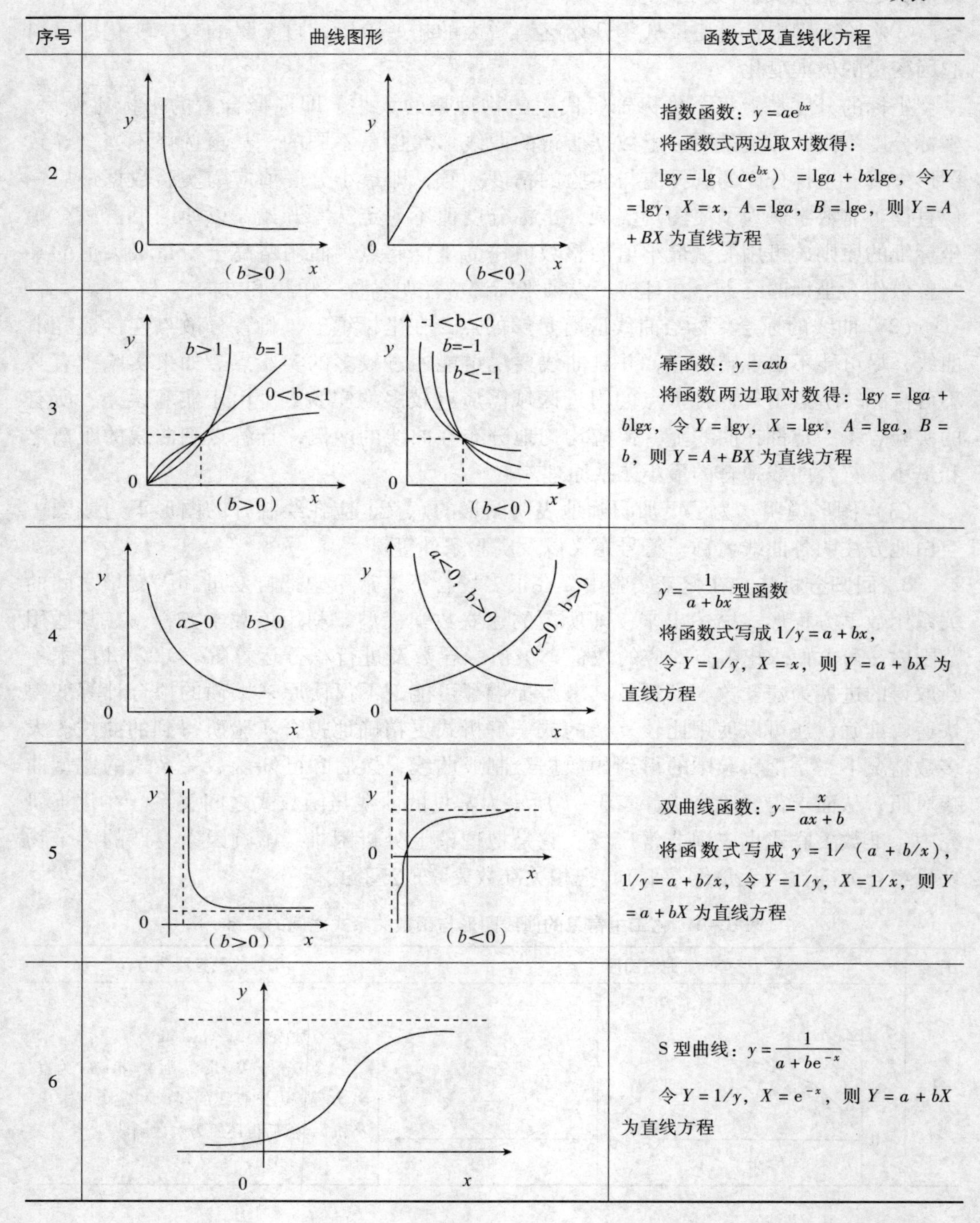

序号	曲线图形	函数式及直线化方程
2	$(b>0)$　$(b<0)$	指数函数：$y=ae^{bx}$ 将函数式两边取对数得： $\lg y=\lg(ae^{bx})=\lg a+bx\lg e$，令 $Y=\lg y$，$X=x$，$A=\lg a$，$B=\lg e$，则 $Y=A+BX$ 为直线方程
3	$(b>0)$：$b>1$，$b=1$，$0<b<1$ $(b<0)$：$-1<b<0$，$b=-1$，$b<-1$	幂函数：$y=axb$ 将函数两边取对数得：$\lg y=\lg a+b\lg x$，令 $Y=\lg y$，$X=\lg x$，$A=\lg a$，$B=b$，则 $Y=A+BX$ 为直线方程
4	$a>0$　$b>0$ $a<0, b>0$　$a>0, b>0$	$y=\frac{1}{a+bx}$型函数 将函数式写成 $1/y=a+bx$， 令 $Y=1/y$，$X=x$，则 $Y=a+bX$ 为直线方程
5	$(b>0)$　$(b<0)$	双曲线函数：$y=\frac{x}{ax+b}$ 将函数式写成 $y=1/(a+b/x)$，$1/y=a+b/x$，令 $Y=1/y$，$X=1/x$，则 $Y=a+bX$ 为直线方程
6		S 型曲线：$y=\frac{1}{a+be^{-x}}$ 令 $Y=1/y$，$X=e^{-x}$，则 $Y=a+bX$ 为直线方程

在化工基础实验中，常遇到的是已知经验公式要确定经验公式中的常数，常使用图解法和最小二乘法。

（1）图解法　对于在直角坐标中可直接绘制出一条直线的，使用该法可以比较简单求得直线方程。如果已知线性方程为 $y=ax+b$，a 值大小就等于该直线的斜率，而 b

值等于直线在 y 轴上的截距；对于数据经过适当处理后绘制成直线方程的，也可以用图解法确定方程中常数值的大小，如方程 $y=ax^n$，在双对数坐标纸上绘制的直线，也可使用图解法通过直线的斜率和截距求得 n 和 a 的大小。

（2）最小二乘法　利用最小二乘法回归函数关系的依据是，认为各自变量均无误差，而归结为因变量带有测量误差，并且认为测量值与真值间的误差平方和为最小。

①一元线性回归：当实验测定两个变量的各个数值，在直角坐标或对数坐标中分布近似呈一条直线，即被测量 y 值线性依赖于变量 x，$\hat{y}=a+bx$，此时可采用一元线性回归，比图解法更准确。

利用方程 $\hat{y}=a+bx$，对于任一 x_i 值（$i=1$，2，…，n）均有与之对应的回归值 $\hat{y}_i$，回归值 $\hat{y}_i$ 与实测值 y_i 的偏差 $d_i=y_i-(a+bx)$ 表明了回归直线与实验值的偏离程度。偏离程度越小，说明直线与实验数据的拟合越好，只有各偏差平方值之和最小时，回归直线与实验值的拟合程度最好。

测量值 y_i 与回归值 $\hat{y}_i$ 偏差平方和可以表示为

$$Q=\sum_{i=1}^{n}(y_i-\hat{y}_i)^2=\sum_{i=1}^{n}(y_i-a-bx_i)^2 \tag{3-6}$$

“平方”称为二乘，按照偏差平方和最小的原则求回归线的方法称为最小二乘法。偏差平方和最小时，回归方程的 a、b 才是最小二乘估计值。所以

$$\begin{cases}\dfrac{\partial Q}{\partial a}=-2\sum\limits_{i=1}^{n}(y_i-a-bx_i)=0\\[2ex]\dfrac{\partial Q}{\partial b}=-2\sum\limits_{i=1}^{n}(y_i-a-bx_i)x_i=0\end{cases} \tag{3-7}$$

整理得正规方程

$$\begin{cases}a+b\bar{x}=\bar{y}\\ n\bar{x}a+\left(\sum\limits_{i=1}^{n}x_i^2\right)b=\sum\limits_{i=1}^{n}x_iy_i\end{cases} \tag{3-8}$$

式中

$$\bar{x}=\frac{\sum\limits_{i=1}^{n}x_i}{n}\qquad \bar{y}=\frac{\sum\limits_{i=1}^{n}y_i}{n}$$

联合上两式可得

$$\begin{cases}a=\bar{y}-b\bar{x}\\[1ex] b=\dfrac{\sum\limits_{i=1}^{n}x_iy_i-\dfrac{1}{n}\left(\sum\limits_{i=1}^{n}x_i\right)\left(\sum\limits_{i=1}^{n}y_i\right)}{\sum\limits_{i=1}^{n}x_i^2-\dfrac{1}{n}\left(\sum\limits_{i=1}^{n}x_i\right)^2}\end{cases} \tag{3-9}$$

回归直线通过 $\bar{y}$，$\bar{x}$ 点，令

$$l_{xx}=\sum_{i=1}^{n}(x_i-\bar{x})^2=\sum_{i=1}^{n}x_i^2-n\bar{x}^2$$

$$l_{xy}=\sum_{i=1}^{n}(x_i-\bar{x})(y_i-\bar{y})=\sum_{i=1}^{n}x_iy_i-n\bar{x}\bar{y}$$

$$l_{yy}=\sum_{i=1}^{n}(y_i-\bar{y})^2=\sum_{i=1}^{n}y_i^2-n\bar{y}^2$$

其中 $(x_i-\bar{x})$，$(y_i-\bar{y})$ 分别称为 x，y 的“偏差”，所以可得

$$b=\frac{l_{xy}}{l_{xx}}=\frac{x,\ y\text{离差积之和}}{x\text{离差平方之和}} \tag{3-10}$$

计算得到的 a 和 b

$$b=\frac{l_{xy}}{l_{xx}}=\frac{\sum x_iy_i-n\bar{x}\bar{y}}{\sum x_i^2-n\bar{x}^2} \tag{3-11}$$

$$a=\bar{y}-b\bar{x} \tag{3-12}$$

为了检验所的回归方程与实验数据点之间的符合程度好，或者数据点靠近回归直线的紧密程度，可用相关系数 r 来衡量，即

$$r=\sqrt{\frac{\sum(\hat{y}-\bar{y})^2}{\sum(y_i-\bar{y})^2}}$$

$$=\sqrt{\frac{\text{回归数据}\ \hat{y}\ \text{的离差平方和(回归平方和)}}{\text{实验数据}\ y_i\ \text{的离差平方和(离差平方和)}}}$$

可以证明

$$r=\frac{l_{xy}}{\sqrt{l_{xx}l_{yy}}}$$

$$=\frac{\sum(x_i-\bar{x})(y_i-\bar{y})}{\sqrt{\sum(x_i-\bar{x})^2\sum(y_i-\bar{y})^2}}$$

$$=\frac{\sum x_iy_i-n\bar{x}\bar{y}}{\sqrt{(\sum x_i^2-n\bar{x}^2)(\sum y_i^2-n\bar{y}^2)}} \tag{3-13}$$

当所有实验点都落在回归直线上，则 $r=\pm1$，x 和 y 完全线性相关；若 $r=0$，则实验点和回归直线完全不符合，x 和 y 完全非线性相关；一般情况下，$0<|r|<1$，此时 x 和 y 存在一定线性关系，r 的绝对值越小，实验点离回归直线越远、越分散；而 r 的绝对值接近于1，各实验点越靠近回归直线，变量 x 和 y 间的关系越接近于线性关系。$|r|$ 大小与 x 和 y 间线性关系的相关性，就是回归直线相关性的显著性问题，根据概率统计得出试验点数 n，显著性水平和相关系数 r 的值可参见表3-2。

表3-2　相关系数 r 检验表

r / α / $n-2$	r_{min}		r / α / $n-2$	r_{min}	
	0.05	0.01		0.05	0.01
1	0.997	1.000	4	0.811	0.917
2	0.950	0.990	5	0.754	0.874
3	0.878	0.959	6	0.707	0.834

续表

$n-2$ \ α \ r	r_{min}		$n-2$ \ α \ r	r_{min}	
	0.05	0.01		0.05	0.01
7	0.666	0.798	24	0.388	0.496
8	0.632	0.765	25	0.381	0.487
9	0.602	0.735	30	0.374	0.478
10	0.576	0.708	40	0.367	0.470
11	0.553	0.684	50	0.361	0.463
12	0.532	0.661	29	0.355	0.456
13	0.514	0.641	30	0.349	0.449
14	0.497	0.623	35	0.325	0.418
15	0.482	0.606	40	0.304	0.393
16	0.468	0.590	45	0.288	0.372
17	0.456	0.575	50	0.273	0.354
18	0.444	0.561	60	0.250	0.325
19	0.433	0.549	70	0.232	0.302
20	0.423	0.537	80	0.217	0.283
21	0.413	0.526	90	0.205	0.267
22	0.404	0.515	100	0.195	0.254
23	0.396	0.505	200	0.138	0.181

②多元线性回归：在化工实验中，影响变量的因素往往是很多个，即

$$y=(x_1, x_2, \cdots, x_n)$$

如果 y 与 x_1，x_2，…，x_n之间的关系是线性的，则其数学模型为

$$\hat{y}=b_0+b_1x_1+b_2x_2+\cdots+b_nx_n \quad (3-14)$$

多元线性回归就是根据实验数据 y_i，x_{ij}（$i=1, 2, \cdots, n$；$j=1, 2, \cdots, m$），求出适当的 b_0，b_1，…，b_n，使回归方程与实验数据符合。原理与一元线性回归一样，使 $\hat{y}$ 与实验值 y_i和偏差平方和 Q 最小。

$$Q=\sum_{j=1}^{m}(y_i-\hat{y}_i)^2=\sum_{j=1}^{m}(y_i-b_0-b_1x_{1j}-b_2x_{2j}-\cdots-b_nx_{nj})^2 \quad (3-15)$$

令

$$\frac{\partial Q}{\partial b_1}=0$$

即

$$\frac{\partial Q}{\partial b_0} = -2\sum_{j=1}^{m}(y_i - b_0 - b_1x_{1j} - \cdots - b_nx_{nj}) = 0$$

$$\frac{\partial Q}{\partial b_1} = -2\sum_{j=1}^{m}(y_i - b_0 - b_1x_{1j} - \cdots - b_nx_{nj})x_{1j} = 0$$

$$\frac{\partial Q}{\partial b_2} = -2\sum_{j=1}^{m}(y_i - b_0 - b_1x_{1j} - \cdots - b_nx_{nj})x_{2j} = 0$$

$$\frac{\partial Q}{\partial b_n} = -2\sum_{j=1}^{m}(y_i - b_0 - b_1x_{1j} - \cdots - b_nx_{nj})x_{nj} = 0$$

由此得正规方程（$\sum_{j=1}^{m}$ 简化为$\sum$），表示为矩阵形式如下

$$\begin{bmatrix} m & \sum x_{1j} & \sum x_{2j} & \cdots & \sum x_{nj} \\ \sum x_{1j} & \sum x_{1j}^2 & \sum x_{1j}x_{2j} & \cdots & \sum x_{1j}x_{nj} \\ \sum x_{2j} & \sum x_{1j}x_{2j} & \sum x_{2j}^2 & \cdots & \sum x_{2j}x_{nj} \\ \vdots & \vdots & \vdots & \cdots & \vdots \\ \sum x_{nj} & \sum x_{1j}x_{nj} & \sum x_{2j}x_{nj} & \cdots & \sum x_{nj}^2 \end{bmatrix} \begin{bmatrix} b_0 \\ b_1 \\ b_2 \\ \vdots \\ b_n \end{bmatrix} = \begin{bmatrix} \sum y_i \\ \sum y_ix_{1j} \\ \sum y_ix_{2j} \\ \vdots \\ \sum y_ix_{nj} \end{bmatrix} \tag{3-16}$$

用高斯消去法或其他方法可解得待定参数 b_0，b_1，…，b_n。系数矩阵中 m 值为 y_i 值的个数。

③非线性回归：在许多实际问题的处理过程中，变量间的关系很多是非线性的，如 $y = ax^b$，$y = ae^{bx}$，$y = ax_1^bx_2^c\cdots x_n^m$ 等，如果采用线性描述将会丢失大量信息，甚至得到错误结论，处理这些非线性函数的主要方法是将其转变为线性函数。

一元非线性回归：对于非线性函数 $y = f(x)$，可以通过函数变换，即令 $Y = \varphi(x)$，$X = \psi(x)$，将其转化成线性关系

$$Y = a + bX$$

一元多项式回归：由数学分析可知，任何复杂的连续函数均可用高阶多项式近似表达，因此对于那些较难直线化的函数，可以用下式逼近

$$y = b_0 + b_1x + b_2x^2 + \cdots + b_nx^n \tag{3-17}$$

如果令 $Y = y$，$X_1 = x$，$X_2 = x^2$，…，$X_n = x^n$，则上式转化为多元线性方程

$$Y = b_0 + b_1X_1 + b_2X_2 + \cdots + b_nX_n \tag{3-18}$$

这样就可以用多元线性回归求出系数 b_0，b_1，…，b_n。注意，虽然多项式的阶数 n 越高，回归方程的精度越高，但阶数越高，回归计算的舍入误差越大，所以当阶数 n 过高时，回归方程的精度反而降低，甚至得不出合格结果，所以一般 $n = 3 \sim 4$。

多元非线性回归：一般也是将多元非线性函数转化为多元线性函数，其方法同一元非线性函数。如圆形直管内强制湍流时的对流传热关联式

$$Nu = a\,Re^b\,Pr^c \tag{3-19}$$

方程两边取对数得

$$\lg N_u = \lg a + b\lg Re + c\lg Pr \tag{3-20}$$

令

$$Y = \lg Nu,\ b_0 = \lg a,\ X_1 = \lg Re$$
$$X_2 = \lg Pr,\ b_1 = b,\ b_2 = c$$

则可转化为多元线性方程

$$Y = b_0 + b_1 X_1 + b_2 X_2 \tag{3-21}$$

由此可按多元线性回归方程处理。

第四章　化工参数的测量与常用仪器仪表的使用

在制药工业生产和实验研究工作中，需经常对温度、压强（工程上习惯将压强称为压力）、流体的流量等重要参数进行监测，这是控制生产操作稳定进行，加强科学管理的必要手段，而各测量值是否能达到所要求的精度，与测量仪表的选择、检验、安装和操作方法等测量技术问题密切相关。

一、温度的测量

制药生产过程中，一般反应过程都伴随着热量的吸收和释放，若要顺利地进行反应并获得较高的反应速率和选择性，须控制好温度，同样许多物理过程也须达到和控制在一定温度条件下才能高效地实现。否则，不但不能得到较好的反应结果，甚至有发生危险的可能。因此，温度的测量和控制是保证制药生产和实验研究正常和安全进行必不可少的重要环节。

温度是表征物体冷热程度的物理量，但是温度不能直接测量，需利用某些物质随冷热程度不同而发生变化的物理特性或冷热物体的热量交换进行间接测量。当选择的物体与被测物体相接触，热量会从受热程度高的物体向受热程度低的物体传递，当经过充分长的时间接触，两物体温度相同达到热平衡状态时，对选择物体的物理量进行测量，便可以定量给出被测物体的温度值，实现温度的测量。例如，常用的水银温度计就是根据水银体积随温度的变化原理设计的。测量时，水银温度计与被测介质接触后，被测介质的热量通过热交换传递给水银，达到平稳后，水银柱的高度就代表了温度值的高低。常用的物理性质有体积、压力、电阻和热电势等。

温度的测量方法通常可分为接触式测温和非接触式测温两类。接触式测温方式是指感温元件与被测物体或介质直接接触，当两者到达热平衡时，感温元件给出值就是被测物体或介质的温度，常用的接触式测温仪主要包括膨胀式温度计、压力式温度计、热电阻温度计和热电偶温度计等；非接触式测温方法是指感温元件与被测物体或介质不直接接触，而是通过热辐射等原理进行测量，非接触式测温仪主要有辐射式温度计和红外线温度计等，常用于测量运动物体，热容量小或特高温度的场合。

（一）常用温度计的使用范围与比较

常用温度计的使用范围和比较见表4-1。

表 4－1 常用温度计的使用范围与比较

温度计分类			工作原理	使用范围/℃	主要特点
接触式	膨胀式	液体膨胀式	利用液体或固体受热时产生膨胀的特性	－80～500	结构简单、价格低廉、一般只用作就地测量
		固体膨胀式		－80～600	
	压力式	气压式	利用封闭在一定容积中的气体、液体或某些液体的饱和蒸气，受热时其体积或压力变化的性质	－100～500	结构简单，具有防爆性，不怕震动，可作近距离传输显示，准确度低，滞后性大
		液压式		－50～500	
		蒸气式		－20～300	
	热电阻式	铂热电阻	利用导体或半导体受热时其电阻值变化的性质	－260～630	准确度高，能远距离传送，适于低、中温测量；体积较大，测点温较困难
		铜热电阻		＜150	
		半导体热敏		＜350	
	热电偶式	铜－康铜	两种不同的金属导体接点受热后产生电势	－100～370	测温范围广，能远距离传送，适于低中、高温测量，需进行冷端温度补偿，在低温区测量准确度较低
		铂铑－铂		200～1400	
		镍铬－考铜		0～600	
		镍铬－镍硅		0～1260	
非接触式	光学式		加热体的亮度随温度变化而变化	600 ～ 2000	适用于不能直接测温的场合，测温范围广，多用于高温测量；测量准确度受环境条件的影响，需对测量值修正后才能减少误差
	比色式		加热体的颜色随温度变化而变化		
	红外式		加热体的辐射能量随温度变化而变化		

（二）温度计的选择与使用的基本原则

选择和使用温度计时，需考虑以下几点。

（1）被测物体或介质对测量范围和测量精度的要求。

（2）被测物体或介质的温度是否需要指示、记录和传送。

（3）感温元件尺寸是否会破坏被测物体或介质的温度场。

（4）被测温度不断变化时，感温元件的滞后性是否符合测温的要求。

（5）被测物体或介质，环境条件对感温元件有无损害。

（6）选择使用接触式温度计时，感温元件必须与被测物体或介质接触良好，并且与周围环境不发生热交换，否则测定的并不是被测物体或介质的真实温度，对测温精度会产生较大的影响。

（7）感温元件需要插入被测物体或介质中一定深度，不同的感温元件是不同的，对于液体膨胀式温度计，液柱部分必须全部浸入被测系统中，否则必须校正。通常，在气体介质中，金属保护管的插入深度为保护管直径的 10～20 倍，非金属保护管的插入深度为保护管直径的 10～15 倍。

（三）常用典型测温仪的基本原理及其应用

1. 膨胀式温度计 膨胀式温度计是根据物质受热膨胀的原理设计制成的，在实际生产和实验室中，常见的有玻璃液体温度计、压力式温度计和双金属温度计。

（1）玻璃液体温度计　玻璃液体温度计是最常用的一类测定温度的仪器，一般由装有工作液体的玻璃感温泡、玻璃毛细管和刻度标尺三部分构成。其工作原理是利用工作液体在玻璃管中的膨胀或收缩作用，感温泡和毛细管中的液体体积随温度的变化而发生变化，引起毛细管中液柱的上升或下降，通过刻度标尺读取相应的温度值。常用的工作液体有水银、甲苯、乙醇、煤油、戊烷和石油醚等，其中水银温度计和乙醇温度计应用的最多。水银温度计测量范围广，刻度均匀，读数准确，但破损后会造成汞污染。乙醇温度计着色后读数清晰，但由于膨胀系数随温度变化造成刻度不均匀，读数误差较大。

玻璃液体温度计一般又可分为棒式、内标式和电接点式 3 种形式。棒式玻璃液体温度计是实验室最常用的形式，而工业用的玻璃液体温度计常做成内标尺式，并有保护套管。将玻璃液体温度计设计成带可调式电接点形式，作为一个自动开关，用于温度控制或越限讯号报警，通常可用于调节和控制恒温水槽或烘箱等装置的温度，控制精度在 ±0.1℃。

在玻璃液体温度计的安装和使用过程中，需注意以下几点。①安装和测量使用过程中，应避免大的振动以免液柱中断，特别是有机液体玻璃温度计；②不同的测定场合，温度计的插入深度应符合规定，感温泡中心应处于温度变化最敏感处；③安装在便于读数的场合，应垂直安装，不能水平安装，更不能倒装，也尽量不要倾斜安装；④为减少测量误差，应在玻璃液体温度计的保护套中加入甘油、变压器油等，以排除空气等不良热导体；⑤在测量零上较高温度或零下较低温度时，需将温度计预热或预冷；⑥玻璃液体温度计在进行精密测量时需要校正，可以利用标准温度计在同一状况下比较，如果没有标准温度计，可利用纯物质的相变点如冰－水、水－蒸气系统分别校正 0℃和 100℃。

（2）双金属温度计　双金属温度计是用于测量气体、液体和蒸气温度的工业仪表，属于固体膨胀式温度计，其结构简单，牢固，它是利用两种不同金属在温度改变时膨胀程度不同的原理设计工作的。

双金属温度计的感温元件是由膨胀系数不同的两种金属片绕成螺旋弹簧状叠焊在一起制成的，双金属片的一端固定（固定端），当温度发生变化时，膨胀系数较大的金属片伸长较多，另一端（自由端）必然向膨胀系数较小的金属片一方弯曲变形而产生位移，把它与指针相连，因弯曲的程度与温度的变化大小成正比，指针偏转即可在分度标尺上指示出相应的温度。双金属温度计也可以制成带上、下限接点的电接点温度计，当达到预定的温度值时，电接点闭合，实现温度的控制和报警功能。

双金属温度计的用途与玻璃液体温度计类似，但其可在机械强度要求更高的条件下使用，并具有良好的耐振性，安装简单，读数方便，无汞害等优点。

（3）压力式温度计　压力式温度计是利用密闭在测温系统内的液体蒸发出的饱和蒸气压随温度的变化关系进行温度测量的，主要由感温包、毛细管（传压元件）、弹簧管（压力敏感元件）以及传动机构等构成。

其工作原理如图 4－1 所示，测温包内充填气体、液体或低沸点液体（蒸气）作为感温物质。测温时，感温包被置于被测介质中，当感温包受到被测介质的温度变化时，密闭系统内的饱和蒸气产生相应的压力，压力的变化经毛细管传至一端固定，另一端游离的弹簧管，引起弹性元件曲率发生变化，使其游离端产生位移，在通过传动机构带动指针偏移显示出相应的温度值。温度示值随压力的增大而升高，随压力降低而减小。根据用途的不同，压力式温度计可以设计为指示式、记录式、报警式（带电接点）和调节式等类型，此外还可以将其制成防震、防腐型的。压力式温度计的毛细管最长可达60m，因此，还可以在一定的距离内显示、记录和控制。

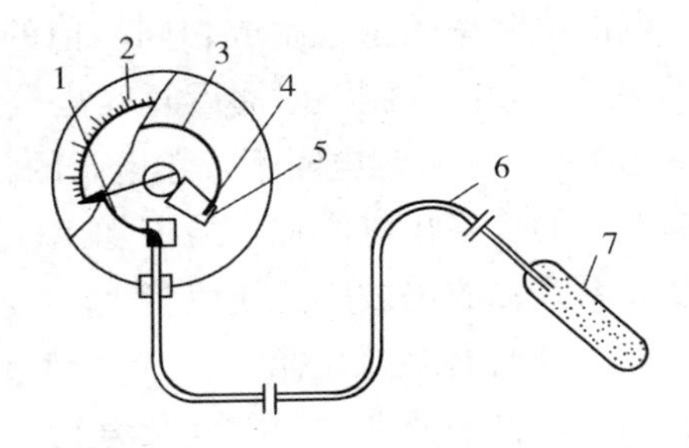

图4－1　压力式温度计作用原理示意图

1－指针；2－刻度盘；3－弹簧管；4－连杆；5－传动机构；6－毛细管；7－感温包

压力式温度计几乎集合了玻璃液体温度计和双金属温度计的所有优点，具有结构简单、感温包体积小、灵敏度高、读数直观等优点，适用于工业设备内气体、液体或蒸气的温度测量，是适用范围最广、性能全面的一种机械式测温仪表。

2. 热电阻温度计　热电阻温度计是利用金属或半导体的电阻随温度变化而变化的原理设计而成的，主要由热电阻和二次显示仪表组成，二次显示仪表的作用是根据电阻和温度的函数关系将电阻信号转换成相应的温度显示。热电阻温度计是中低温度区最常用的一种温度测量器，其突出优点有：①测量精度高，性能稳定；②灵敏度高，低温时产生的信号比热电偶的大得多；③本身电阻大，导线电阻的影响可忽略不计，故信号可远传和记录。热电阻温度计可分为金属丝温度计和半导体热敏温度计。

（1）金属丝温度计　金属丝温度计由纯金属或合金制成的，其电阻率随温度升高而增加，具有正温度系数。在一定温度范围内电阻与温度的关系是线性的，如式（4－1）所示。

$$R_T = R_0\left[1 + \alpha\left(T - T_0\right)\right] \tag{4-1}$$

$$\Delta R_T = \alpha R_0\left(\Delta T\right) \tag{4-2}$$

式中，R_T，R_0 为温度为 T 和 T_0（通常为0℃）时的热电阻值，Ω；ΔT 为温度变化值，℃；α 为电阻温度系数，$℃^{-1}$；ΔR_T 为电阻值的变化量，Ω。

目前工业和实验室研究常用的金属丝主要有铂丝和铜丝。

铂很容易提纯，工艺性好，可以制成极细的铂丝（0.02mm或更细）或极薄的铂箔，且铂的电阻率较高，温度系数恒定，是一种较好的热电阻材料。因其测量精度高，稳定性好，性能可靠，耐氧化性强，不仅广泛应用于工业测量，而且还被用来作为国家实用温标630℃以下的标准温度计，特别适用于温度变化大的精密测定。缺点是价格比较昂贵，不能测定高温，电流过大时，能发生自热而影响准确度。铂电阻使用范围为－260～630℃，常用的型号为WZB型。0℃时的电阻值 $R_0 = 50\Omega$，分度号为 Pt_{50}；0℃时的电阻值 $R_0 = 100\Omega$，分度号为 Pt_{100}，这两种铂电阻时比较常用的。用于标准或实验室的铂电阻 R_0 为10Ω和30Ω。

铜的电阻率较小，制成相同阻值的电阻时，须采用很细的铜电阻丝，因此铜电阻的机械强度较差，测温时滞后时间也较长。此外，铜电阻很容易被氧化，其工作上限最多为150℃，虽铜电阻不及铂电阻的物理、化学性质稳定，测量范围也比较窄，但由于铜电阻的价格相对便宜，易于加工，同时在其使用范围内铜电阻的电阻值与温度的线性关系好，故仍被广泛使用。

（2）半导体热敏电阻　半导体热敏电阻是在锰、镍、钴、铁、锌、钛、铝、镁等金属的氧化物中分别加入其他化合物，按照一定的比例粘合烧结制成，具有良好的耐腐蚀性，灵敏度高，体积小，价格便宜等优点。当温度变化时，电阻变化显著，多数热敏电阻具有负电阻温度系数，呈非线性关系。由于在半导体中即使有不到百万分之一的杂质存在就能使电导率和温度系数发生变化，进而影响热敏电阻的重复性，所以，对热敏电阻材料选择和加工纯度的要求十分苛刻以保证热敏电阻特性有较好的重复性。

常用热敏电阻的阻值变化范围在1～100Ω。测温范围一般在－100～350℃，若要求特别稳定，温度上限最好控制在150℃左右。

3. 热电偶温度计　热电偶温度计是由热电偶和显示仪表以及连接导线组成，具有结构简单、使用方便、测温范围广、精度高、便于远程控制等优点，因而成为最常用的一种温度计。

热电偶是将两根不同材料的导体或半导体A和B的两端焊接在一起，组成的一个闭合回路，如图4－2所示。由于两种金属的自由电子密度不同，所以当将它们的两个接点分别置于温度为T和T_0（$T>T_0$）的热源中，则在回路内就会产生热电动势（简称热电势），这种现象称为热电效应。两个接点中一端称为工作端（测量端或热端），如T端，另一端称为自由端（参比端或冷端），如T_0端。如果温度T_0恒定不变，对于材料一定的热电偶来说，则其总热电势只与热端温度T有关，是被测温度的单值函数。

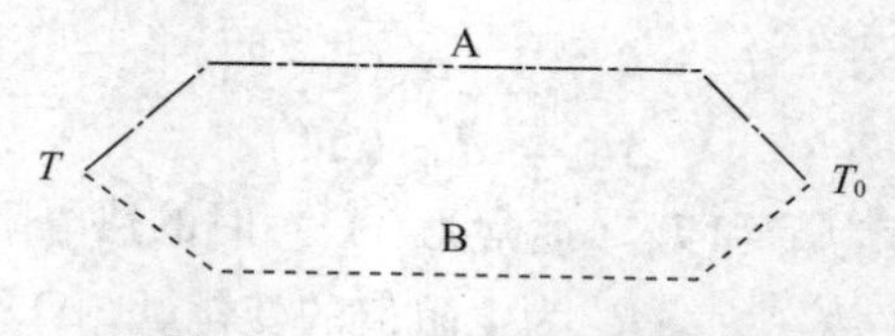

图4－2　热电偶回路示意图

热电势包含了两种金属的温差电动势和接触点的接触电动势，这种接触电势差仅与两金属的材料和接触点的温度有关，温度越高自由电子就越活跃，导致接触处所产生的电场强度增加，接触电动势也相应增高。电动势和电流方向由组成热电偶的导体材料和冷热端温度决定，与热电偶的长度和粗细无关。

根据中间导体定律，一个由几种不同导体材料连接成的闭合回路，只要它们彼此相连的接点温度相同，回路各接点产生的热电势的代数和为零，所以，如果将第三种材料C接入由A和B组成的热电势回路，如图4－3所示，图4－3a中A、C接点2与C、A接点3都处于相同的温度T_0，回路的总电势不变。同理，图4－3b中C、A接点

2 与 C、B 接点 3 都处于相同的温度 T_0，回路的总电势也不变。所以，如果用金属 C 做导线连接到电位差计上，就可测得 A、B 两种金属组成的热电偶的温差电动势，且温差电动势的大小随两端温度的变化而变化，且热电势的大小只与冷、热两端的温度有关，而与材料的中间温度无关。故采用测量仪表测得温差电动势的数值，便可测得相应的温度。根据上述原理还可知，热电偶的任意焊接方式以及在热电偶回路中引入各种仪表和连接导线，不会影响热电势的大小。但是，若接入第三种材料的两端温度不同，则会影响热电势大小，因此，第三种材料的性质宜与热电偶的材质相近。

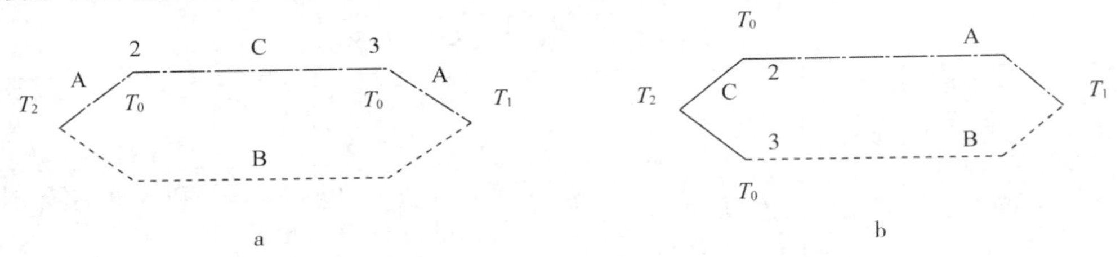

图 4－3　接入第三种材料导线的热电偶回路

由热电偶测温原理可知，只有保持热电偶冷端温度恒定时，热电势与被测温度值才呈单值函数关系。然而，常用热电偶的工作端和冷端相距都较近，冷端又易受周围环境的影响，往往很难保证冷端温度恒定。为此，实际工作中，维持热电偶冷端温度 T_0恒温常采用补偿导线法、冰浴法、补偿电桥法、恒温槽法和计算修正法等。

补偿导线法是在热电偶线路中接入适当的金属导线作为补偿导线，如图 4－4 所示，要原冷端接点 4、5 两处温度范围在 0～100℃，将冷端移至位于恒温器内补偿导线的端点 2、3 处，就不会影响热电偶的热电势。对于不同的热电偶，常用的补偿导线如下。

铂铑－铂热电偶	铜－考铜
镍铬－镍硅热电偶	铜－康铜

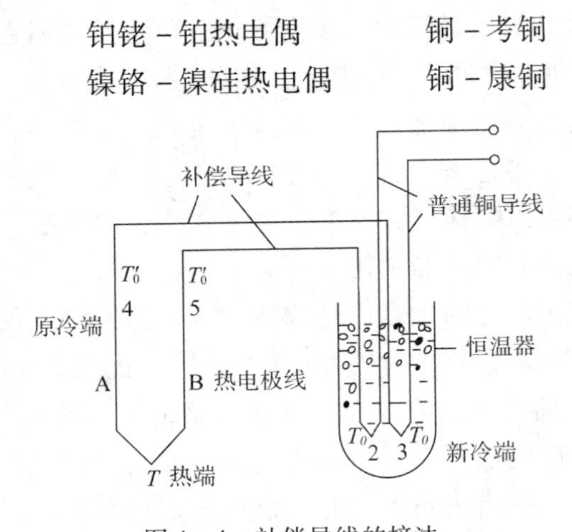

图 4－4　补偿导线的接法

镍铬－考铜、铁－考铜、铜－康铜等廉价热电偶，利用本身作补偿导线。

冰浴法是将冷端放在盛有绝缘油的管中，再将其放入盛满冰水混合物的容器内，使冷端温度维持在 0℃。通常的热电势－温度关系曲线都是冷端温度为 0℃分度的。补偿电桥法是在冷端接上一个由热电阻构成的电桥补偿器以自动补偿因冷端温度变化而引起的热电势的变化。

常用的热电偶可分为标准热电偶和非标准热电偶。标准热电偶是指按国家标准规定其热电势和温度的关系，允许误差，并有统一标准分度表的热电偶，按 IEC（International Electrical Commission，国际电工委员会）标准，其可有 S、R、B、K、N、E、J、T 八种标准热电偶。非标准热电偶一般没有统一的分度表，在使用范围或数量级上都不及标准热电偶，主要用于某些特殊场合的测量。常用的热电偶见表 4－2。

表 4－2　常见热电偶种类

热电偶分度号	热电偶材料		测温范围/℃	特　点
	正极	负极		
B	铂铑 30	铂铑 6	0～1800	性能稳定，精度高，可在氧化性或惰性气氛中使用，真空中只能短期使用，不能用于还原性氛围
S	铂铑 10	铂	0～1600	性能稳定，精度高，可在氧化性或惰性气氛中使用，真空中只能短期使用，不能用于还原性氛围，价格较贵，热电特性的线性度比 B 好。可作为传递国际实用温标的标准仪器
K	镍铬	镍硅	0～1300	线性度好，适用于氧化性氛围，价格便宜
E	镍铬	康铜	－200～900	灵敏度高，价格便宜，可在氧化性及弱还原性氛围中使用
T	纯铜	康铜	－200～900	复现性好，稳定性好，精度高，价格便宜，缺点是铜易氧化

二、压力的测量

在科学研究和制药工业生产中，压力是一个非常重要的物理量，是自动控制和安全操作的一个基本参数。例如对精馏、吸收等化工单元操作所用的塔设备需要测量塔顶、塔釜的压力，以便监测精馏操作是否正常安全。又如离心泵进出口压力的测量，对了解泵的性能和安装是否正确都是必不可少的参数。压力还直接影响到产品的质量和生产效率，对反应系统进行压力测定，可以间接地了解反应的状况。此外，在一定的条件下，测量压力还可以间接得到温度、流量和液位等参数。因此，在化工生产和实验研究过程中，压力的测定显得尤其重要。

用于测量气体或液体压力的仪表简称为压力计，压力测量仪表所测量的压力实际是物理中的压强（工程上习惯称之为压力）。工程上，压强的表示常采用绝对压力、表压和真空度 3 种方式。通常，以绝对零压强为基准时，所测得的压强称为绝对压力；压力测量仪表所测得的压力值等于绝对压力与大气压力值之差，称为表压；绝对压力值小于大气压力值时，表压力为负值，此负值的绝对值称为真空度，相应的测量仪表称为真空表。可见，表压或真空度与绝对压力的关系都与当地的大气压强有关。在实际的压力测量过程中，所获得都是测试点的表压或真空度。

（一）大气压力计

用于测定大气压强的仪器，目前使用最多的是福廷式气压计，其结构如图4-5所示。福廷式气压计的主要部件是一根90cm长的玻璃管，上端封闭，下端插入汞槽内。玻璃管内盛汞，汞面上方为真空。汞槽通大气，汞槽的下部为一羚羊皮袋用以调节汞槽的容积。当大气压力和汞槽内的汞面作用达到平衡时，汞会在玻璃管内上升到一定高度，测量汞的高度就可确定大气压力的数值，读数的精密度可达0.01mm或0.05mm。

福廷式气压计必须垂直放置，否则会引入一定的测量误差，若在铅垂方向上偏差1°，汞柱高度的读数误差大约为0.015%。测定时，首先需通过汞槽液面调节螺旋，调节汞槽液面与零点针尖恰好接触，而后转动游标尺调节螺旋，使游标尺的下沿与玻璃管中汞柱的凸面相切。此时，可从黄铜标尺上读出大气压的整数部分，从满标尺上读出大气压的小数部分。测定结束后，转动调节螺旋使汞面离开象牙针，同时从气压计上的温度计读取温度值。

测定过程中，为了得到较精确的大气压强值，必须进行仪器、温度、纬度和海拔高度等的校正。

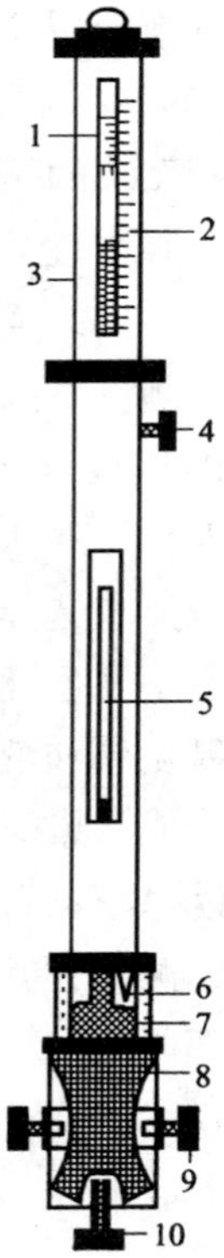

图4-5 福廷式水银气压计示意图

1-游标尺；2-读数标尺；3-黄铜管；4-游标尺调节螺旋；5-温度计；6-零点象牙针；7-汞槽；8-羚羊皮袋；9-固定螺旋；10-调整螺旋

（二）液柱式压力计

液柱式压力计是基于流体静力学原理设计的，以一定高度的液柱所产生的压力与被测压力相平衡的原理进行测量的。液柱所用的液体种类很多，但其必须与被测介质接触处有清晰而稳定的分界面，常用的有水、水银、乙醇、煤油和四氯化碳等。

液柱压力计是最早用来测量压力的仪表，具有结构简单，使用方便，价格便宜、灵敏度高等优点，所以目前还被广泛应用。但由于受玻璃管强度和读数的限制，不能测量较高压力，也不能进行自动指示和记录，一般主要用作实验室中低压测量和仪表的校验。使用时，由于液体的密度受环境温度，重力加速度影响会发生改变，对测量结果需进行温度和重力加速度等方面的修正。常用的液柱压力计有U形管压力计、单管压力计、斜管压力计、双液液柱压力计（微压计）等。

1. U形管压力计 U形管液柱压差计主要由一U形玻璃管和标尺构成，如图4-6所示，U形玻璃管内装有指示液，常用水和水银。使用时，U形管压差计两端连接两个测压点，当两边压力不同存在压差Δp时，两边液面便会产生高度差R，根据静力学方程可得

$$\Delta p = p_1 - p_2 = (\rho_0 - \rho) gR \tag{4-3}$$

式中，ρ_0 为指示液的密度，$kg \cdot m^{-3}$；ρ 为流体的密度，$kg \cdot m^{-3}$；g 为重力加速度；R 为压差计的读数，m。

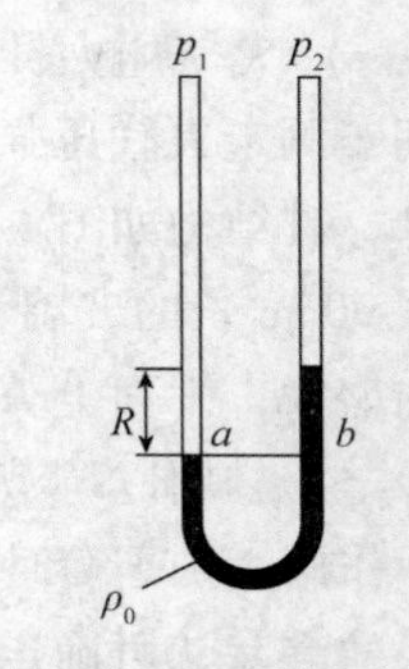

图 4-6 U 形管液柱压力计示意图

若 U 形管一端与设备或管道连接，另一端与大气相通，这时读数所反映的是管道中流体的绝对压力与大气压之差，即表压（或真空度）。

由式（4-3）可知，对于相同测试的压差 Δp，当指示液密度与被测流体的密度相差较大时，读数 R 值较小，U 形管压力计的精度和灵敏度下降。反之，两者密度相差较小时，读数 R 值会很大，造成读数困难。所以，在实际使用中需根据测试要求选择合适的指示液，指示液必须与被测流体互不相溶、不发生化学反应，且其密度要大于被测流体的密度。常用的指示剂有水、水银、四氯化碳和液体石蜡等，当使用水银时，应在管内用水覆盖汞柱表面，以防止汞蒸发而造成污染。

2. 倒置 U 形管压差计　倒置 U 形管压力计的特点是以待测流体为指示液，适用于较小压差的测量，其结构如图 4-7 所示，阀门 c 和 d 为测压口，测量时与待测的管路并联，底部阀门 a，b 和排气阀门 e 用于排气和调整液柱高度。使用时倒置 U 形管压差计的上方为空气柱，被测压强差 Δp 由两个液柱面的高度差 R 表示，压强差可按式(4-4)计算。

$$\Delta p = (\rho_0 - \rho) gR \tag{4-4}$$

式中，ρ_0 为被测流体的密度，$kg \cdot m^{-3}$；ρ 为空气的密度，$kg \cdot m^{-3}$；g 为重力加速度；R 为两液柱面的高度差，m。

通常，被测液体的密度比空气的密度大得多，所以空气的密度可忽略不计，即有 $(\rho_0 - \rho) \approx \rho_0$，则可得 $\Delta p = \rho_0 gR$，表示了倒置 U 形管压差计两个液柱面的高度差 R 与两个被测端压强差的关系。

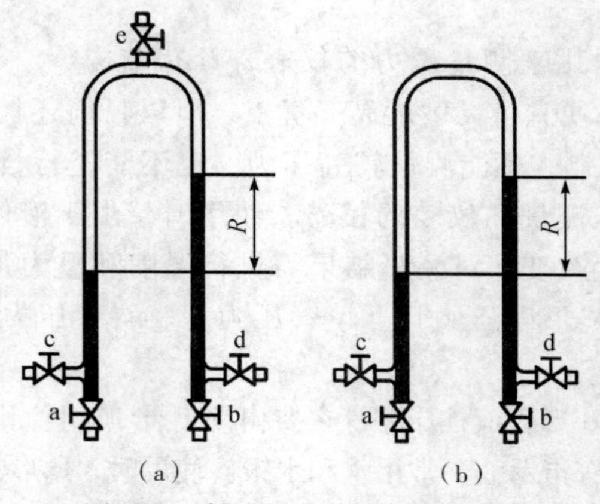

图 4-7 倒置 U 形管压差计示意图

3. 单管压力计　单管压力计是把U形管压力计的一端改用较大直径的杯性粗管（储液杯），另一端还用细管，如图4-8所示。一般粗、细两管截面的比值≥200，相差较大。当压力计两端压力不等时，细管的液柱会升高Δh，而粗管一侧会下降$\Delta h'$，且$\Delta h \gg \Delta h'$，所以$\Delta h'$可忽略不计，读数时只需读取细管一侧的液柱高度就可以了。

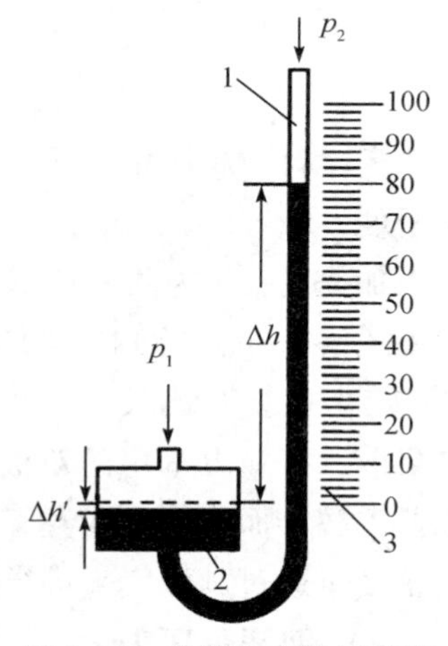

图4-8　单管压力计示意图

1-测量管；2-储液杯；3-刻度尺

4. 斜管压力计　斜管压力计的结构如图4-9所示，其由一个盛满液体的小容器和一根倾角为α的可调玻璃管组成，细管的倾斜可使液面位移距离加长从而放大指示液高度的刻度。工业测量中常用作微压测量的标准器。

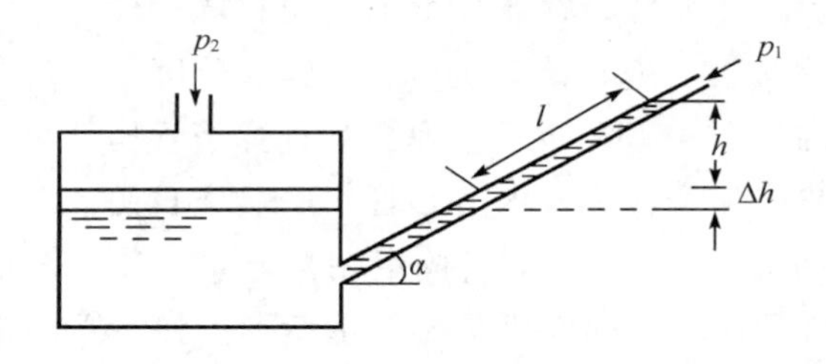

图4-9　斜管压力计示意图

当斜管入口压强和小容器入口压强不等时，$p_2 > p_1$，斜管内液面上升h，容器内液面下降Δh，根据静力学基本方程可得

$$\Delta p = p_2 - p_1 = \rho g\ (h + \Delta h) \tag{4-5}$$

因为小容器内液体下降的体积和斜管中液体上升的体积相等，所以有

$$\Delta h = \frac{A_1}{A_2} l \tag{4-6}$$

式（4-6）中的A_1和A_2分别是细管和小容器的横截面的面积，又因为$h = l\sin\alpha$，$A_1 \ll A_2$，整理得

$$\Delta p = p_2 - p_1 = \rho g l \sin\alpha \tag{4-7}$$

由于乙醇的密度较小，常被用作斜管压力计的指示液，以提高灵敏度。如果要求测定不同的压力范围，可选择斜管倾斜角度可变的，通过改变倾斜角度α来改变压力测量范围。

5. 双液液柱压差计　如图4-10所示，双液液柱压差计的结构与U形管压力计相似，也主要是由一支U形玻璃管和一根标尺构成，不同之处是U形管上部有两个指示液扩张室，由于扩张室有足够大的截面，故当读数R变化时，两扩张室中液面不会有明显的变化。此外，双液液柱压差计的U形管中需加入两种指示液，且两种指示液互不相溶，有明显的界面。双液液柱压差计主要用于气体压差的测定，根据静力学方程

可得

$$\Delta p = (\rho_2 - \rho_1) gR \tag{4-8}$$

式中，Δp 为两端测压口间的压力差，Pa；ρ_2 为下部指示液的密度，$kg \cdot m^{-3}$；ρ_1 为上部指示液的密度，$kg \cdot m^{-3}$；g 为重力加速度；R 为两种指示液界面的高度差，m。

由式（4－8）可知，当两种指示液的密度差很小时，即使 Δp 较小也会有比较大的读数 R，所以可以提高测量的精度。目前，工业上常用的双液液柱压差计的指示液有石蜡油和工业乙醇；而实验室常用苯甲醇和氯化钙溶液，氯化钙溶液的密度可通过其浓度来进行调节。

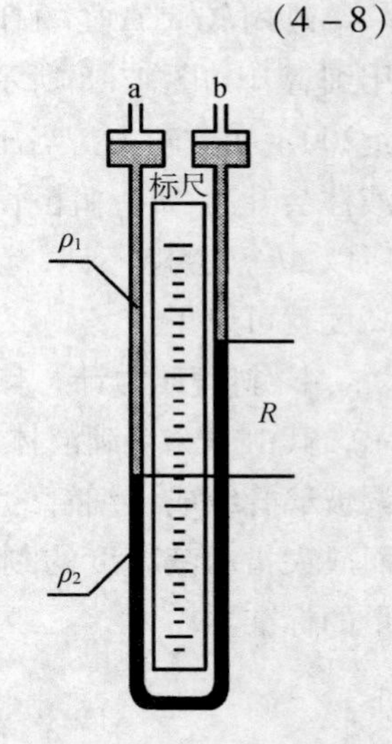

图 4－10　双液液柱压差计结构示意图

（三）弹簧管压力表

弹簧管压力表是弹性式压力计中的主要形式，是利用将被测压力转换成弹性元件（弹性传感器）变形的位移原理设计制成的，它主要由弹簧管、齿轮传动机构、指针、分度盘以及外壳等组成，结构如图 4－11 所示。弹簧管是弹簧管压力表的主要部件，弯曲的弹簧管是一根空心管，一端（自由端）封闭并连接在传动机构上；另一端（固定端）开口与压强测试口相接，当其内腔接入被测系统后，空心管在压力的作用下会发生变形。弹簧管的横截面呈椭圆或扁圆形，长轴方向的内表面比短轴方向的大，所以受力也大。当空心管内压强大于外界大气压时，长轴要变短些，短轴要变长些，管截面趋于更圆，这种弹性变形会使空心管的自由端产生位移，通过杠杆机构带动指针转动，而齿轮传动机构则把自由端的线性位移转换成指针的角位移，指针指示出被测压力值。

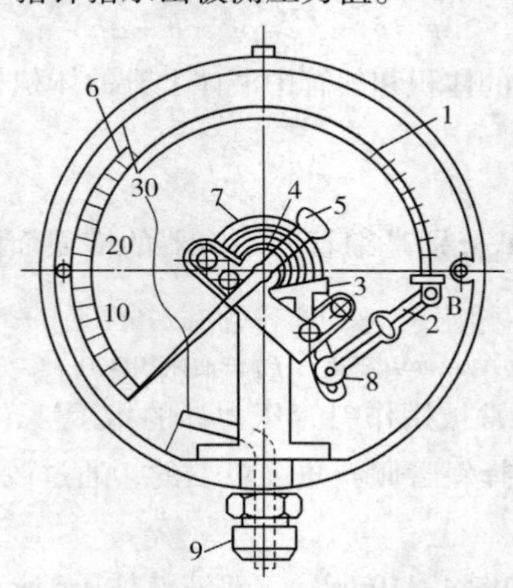

图 4－11　弹簧管压力表结构示意图

1－弹簧管；2－拉杆；3－扇形齿轮；4－中心齿轮；5－指针；6－刻度盘；7－游丝；8－调整螺丝；9－接头

（四）电气式压力计

随着工业生产自动化程度的不断提高，电气式压力计在实际应用的比例愈来愈大，它是利用压力传感器（能够测量压力并将电信号远传的装置）直接将被测压力变成电流、电阻、电压等形式的信号进行压力测量的，在自动化系统中具有重要的作用，它可以避免就地指示仪表测定待测压力不能远传进行集中监测和控制的缺点，用途广泛，除了用于一般压力的测量外，尤其适合于快速变化和脉动压力的测量。其主要类型有压电式、压阻式、电容式、电感式等。

压电式是利用压电效应原理把被测压力变换为电信号的，压电效应是指当某些晶体在某一方向受压或受拉发生变形时，其相对的两个表面就会产生异性电荷，而当外力去除后它又重新回到不带电状态。常用的压电材料有压电晶体和压电陶瓷两大类。压阻式是利用半导体材料（单晶硅）受到作用力后，其电阻率会发生变化的原理制成的，特点是易于小型化，灵敏度高，响应时间短，测量范围广，工作可靠。电容式是利用平板电容测量压力的，压力作用使膜片产生位移，改变两平行板间距从而引起电容的变化，主要特点是灵敏度高，特别适合低压和微压测量，结构简单，能在高温、辐射等恶劣条件下工作。

（五）测压仪表的选用、校验与安装

测压仪表的种类很多，选择一个合适的压强计是保证测量工作顺利进行的关键。

1. 压力仪表的选择 在需要进行压力测定时，首先要了解测压范围、所需的测压精度、压强计使用的工况条件等，才能正确地选择出一种可满足测压要求的压强计。选择时主要考虑以下几方面。

（1）测压仪表的类型 根据被测介质的性质，如温度高低、黏度大小、腐蚀性、脏污程度、是否易燃易爆，是否需要信号远传、记录或报警以及现场环境条件（如温度、湿度、振动等）等对仪表类型进行选择。

如果所测的压力数据需自动采集或进行远程传递，则必须选用压力传感器二次测压仪表，否则一次、二次仪表均可。若根据测压要求，可使用一次仪表时，应考虑首选一次仪表。因为一次仪表价格较低、维修方便，而二次仪表不仅价格较贵，且影响测压的因素太多，所测数据往往不太可靠。因此，在实际工业生产过程中，一般在安装二次仪表的地方，同时装有一个一次仪表，以便进行比对。如果需要就地指示，选用一般压力表即可，对常用的水、气、油等可采用普通的弹簧管压力表，特殊介质要选用专用压力计。在易燃易爆危险环境，应选用防爆型。

（2）测压仪表的量程和精度 首先应了解被测压强的大小、变化范围，以及对测量精度的要求，然后选择适当量程和精度的测压仪表。因为仪表的量程会直接影响测量数据的相对误差，所以选择仪表时要同时考虑精度和量程。一般所选测量上限应大于或至少等于计算出的上限值，且同时要满足最小值的要求。具体作法是根据被测压力的最大、最小值得到仪表的上、下限，而后在国家规定生产的标准系列中进行选取。对于精度，根据工艺上允许的最大绝对误差和选定仪表量程，计算仪表允许的最大引用误差，在国家规定的精度等级中确定仪表的精度，在满足要求的情况下尽可能选择精度较低、价廉、耐用的仪表。

（3）工作环境对测压仪表的影响　选择测压仪表时，还须了解测压点的状况。如果被测压差不大，但测压点的绝对压强比较高，U 形管压差计就不适合使用，因为读数 R 可能太大，造成使用不方便，且玻璃管的耐压性能较差，易炸裂。如果被测介质为腐蚀性物质，则弹簧管压强计就不宜直接使用，否则空心管会被腐蚀破坏。如果测压点的环境温度变化较大，选用二次仪表时可能会有较大的测量误差。因此，在选用测压仪表时，应该综合考虑各种因素的影响。

2. 压力仪表的校验　在长期使用的过程中，压力仪表会因弹性元件疲劳、传动机构磨损及腐蚀、电子元件的老化等原因造成测量误差，所以必须进行定期的校验。此外，为了防止运输过程中由于震动或碰撞造成的误差，新仪表在安装使用前，也须进行校验仪以保证仪表测量的可靠性。

校验时，一种方法是将标准仪表与被校仪表示值在相同条件下进行比较，另一种是将被校表的示值与标准压力比较。无论是压力表还是压力传感器均可采用上述两种方法。相比之下，与标准表比较的校验方法比较方便，在实际校验中应用较多。

3. 压力仪表的安装　正确安装仪表是保证压力仪表在生产过程中发挥应有作用、保证测量结果安全可靠的重要环节。安装时需要注意以下几点。

（1）测压口及位置的选择　为测压开设的取压口，会扰乱开孔处流体的流动情况从而引起测量误差，该误差的大小与孔的尺寸、几何形状、粗糙程度等因素有关。通常，测压孔越小越好，但会使加工困难，孔口也易被脏物堵塞，且测压时的动态性能也会变差。因此，测压孔的内径以 0.5～1mm 为宜；孔的边缘应尽可能做到平整、光滑，以减少涡流对测量的影响。

测压位置要选在被测介质直线流动的管段，且上游应保持有一定的直管段，不要选在拐弯、分叉、死角或其他容易形成漩涡的地方。测量介质性质不同时，位置选择也有差异。测量液体时，为避免导压管内积存气体影响测量，取压点应在管道截面下侧，但也不宜选在最低处以免沉淀物堵塞孔口。而测量气体时，取压点应选在管道截面的上侧，避免导压管内积存液体。

（2）导压管的选择　导压管是指测压孔与压力计之间的连接管，其作用是传递压强。正常情况下，导压管内的流体应该是完全静止的。为保证测压导管内不出现环流，导压管的管径应比较细，但管内径越小，阻尼作用越大，使测压的灵敏度下降，所以导压管的长度应尽可能缩短。但有时在测定波动较大的压强时，为了使读数稳定，反而要利用导压管的阻尼作用。

导压管安装时最好与连接处的内壁保持平齐，口端光滑，靠近测压口处应安装切断阀以备检修时使用。导压管中介质为气体时最低处要装排水阀，为液体时最高处要安装排气阀。对于水平安装的导压管应有一定倾斜度，以防止积液（测量气体时）或积气（测量液体时）。

（3）压力仪表的安装　压力仪表应安装在易于观察和维修处，尽量避免震动和高温的影响。同时针对具体情况要采取相应措施，如测量蒸气压力是应装冷凝管或冷凝器以防止高温蒸气直接接触测压元件，测量腐蚀性介质时要加装充有中性介质的隔离管等。此外，根据压力高低和介质性质，连接处必须加装密封垫片以防止泄露。

三、流量的测量

流量测量是制药化工生产过程测量中的一个重要参数，是控制生产操作的常用手段，通过流量的测量可以核算过程或设备的生产能力，了解各部分流量所占的比例，以便对过程和设备做出评价。

流量是指单位时间内流过管道截面的流体量，若流过的量用体积表示则为体积流量，单位 $m^3 \cdot h^{-1}$、$m^3 \cdot s^{-1}$。若流过的量用质量表示，称为质量流量，单位 $kg \cdot h^{-1}$、$kg \cdot s^{-1}$。由于流体的密度随流体的状态而改变，当以体积流量描述流体的流量时，须指明被测流体的压力和温度。通常，采用标准状态下的体积流量进行比较，即压力为 1.01×10^5 Pa，温度为20℃的体积流量。

流量测量方法可以分为以下 4 种：①利用柏努利方程原理，通过测量流体差压信号来反映流量的差压式流量测量法，用这种方法制成的仪表有转子流量计、靶式流量计、弯管流量计等；②通过直接测量流体流速得出流量的速度式流量测量法，用这种方法制成的仪表有涡轮流量计、涡街流量计、电磁流量计、超声波流量计等；③利用标准小容积来连续测量流量的容积式测量，用这种方法制成的仪表有椭圆齿轮流量计、腰轮流量计、刮板流量计等；④以测量流体质量流量为目的的质量流量测量法，用这种方法制成的仪表有热式质量流量计、科氏质量流量计、冲量式质量流量计等。

（一）孔板流量计

孔板流量计属于节流式流量计，其结构形式如图 4－12 所示。利用法兰将中间开有圆孔的板垂直固定在流体流通的管路中，圆孔中心位于管路中心线上，再将装有指示液的 U 形管压差计跨接在孔板两侧的管道，即构成了孔板流量计。流体从孔板的圆柱形锐孔一侧流进孔板，从喇叭形状的一侧流出孔板。流体流过管路时，由于孔板处的流道截面突然缩小，流速急剧增加，流体的动压头增大，静压头降低，从而在孔板两侧形成了静压差并通过 U 形管压力计显示出来。实际应用中，孔板流量计附有换算表，可直接根据压差计的读数求得被测流体的流量。

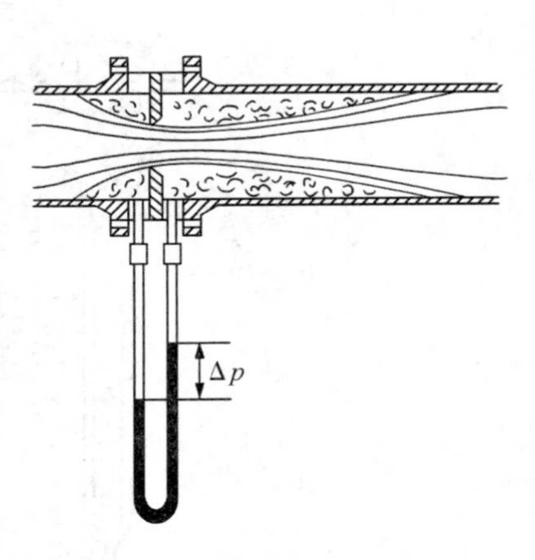

图 4－12　孔板流量计结构示意图

孔板流量计是常用的流量计之一，具有结构简单，加工容易，成本低等特点。对于标准孔板的结构尺寸、加工精度、取压方式、安装要求、管道的粗糙程度等都有严格规定。如果使用不按照规定生产的孔板流量计所提供的流量系数，不能保证测量的精度，使用非标准孔板前需进行校正。为使流体的能量损耗控制在一定的范围内，同时保证仪表的灵敏度，一般将孔径与管径比控制在 0.45～0.5 间。

如果将孔板流量计在污垢或腐蚀性介质中使用，因摩擦或腐蚀会造成孔板流量计进口面圆柱形部分的尖锐边缘变园，从而导致测量值变小。因此，孔板流量计不适用于污秽和带有腐蚀性的介质。

（二）文丘里流量计

文丘里流量计的构造如图 4－13 所示，它是由等直径入口段、收缩段、等直径喉道、扩散段及 U 形压差计等组成，使用时串联在管路中。文丘里管各部分的尺寸要求严格，加工精度要求也高，故价格也相对较高。

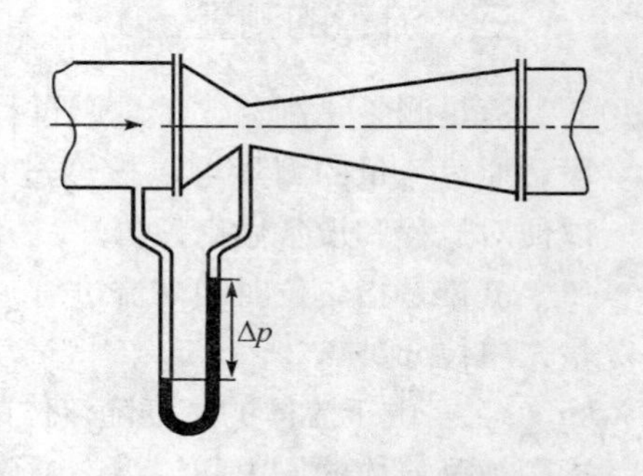

图 4－13　文丘里流量计示意图

文丘里流量计的设计原理与孔板流量计的相同，但孔板流量计阻力损失大，文丘里流量计通过测速管径逐渐缩小，然后逐渐扩大，减小了流体流过时的涡流损失，流体流过文丘里管后压力基本能恢复，克服了孔板流量计的缺点。

文丘里流量计具有装置简单，测量可靠、压强损失小等优点，可用于各种介质的流量测量，具有永久压力损失小，要求其前后的直管段长度短，寿命长等特点。

（三）毛细管流量计

毛细管流量计是差压式流量计的一种，结构示意图如图 4－14 所示，它的测量原理与孔板流量计相同，是用一根毛细管代替了孔板，利用气体流经毛细管时由于动能与静压能之间的转化而产生一定的压力差，其值大小与流量的大小存在一定关系。

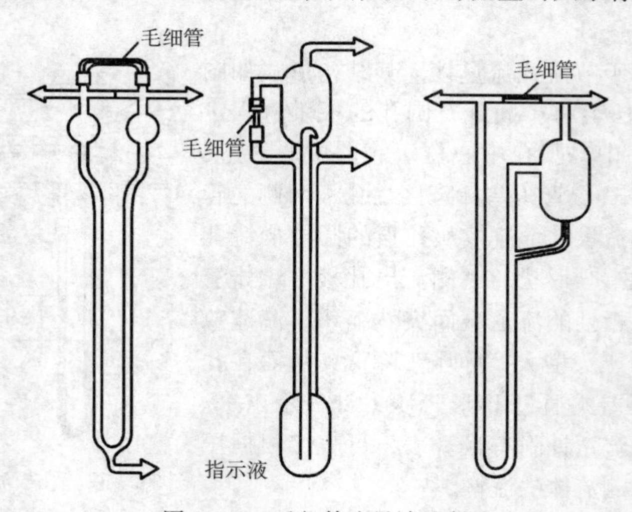

图 4－14　毛细管流量计示意图

由于毛细管直径没有统一规定，使用时应用其他标准流量计进行校正，并绘制压力差 $\Delta p - q_V$（压力差－流量）曲线，根据压差值从曲线图上求出气体流量。此外，毛细管流量计使用前，应需对被测气体加以净化，以防止液体和杂质等堵塞毛细孔。在精确测量气体流量时，应当缓慢通入气体，以防止损坏流量计或将压差计内的指示剂冲走。

一般毛细管流量计适用于测量流量小于 $10\mathrm{L}\cdot\mathrm{h}^{-1}$ 的气体，在此测量范围内，可以根据所测气量大小选择不同孔径的毛细管。按照被测气体的性质、溶解度、化学反应的性质、流量以及温度等情况，可以选择着色的水、石蜡油或汞等作指示剂。

（四）转子流量计

转子流量计又称浮子流量计，属于变截面式流量计，是实验室和药厂生产常用的测量流量仪表之一。如图4－15所示。它是由一根垂直的并带有刻度的锥形玻璃管和转子（或称浮子）组成的，测定时转子在流体的冲击下在玻璃管中可上下移动。

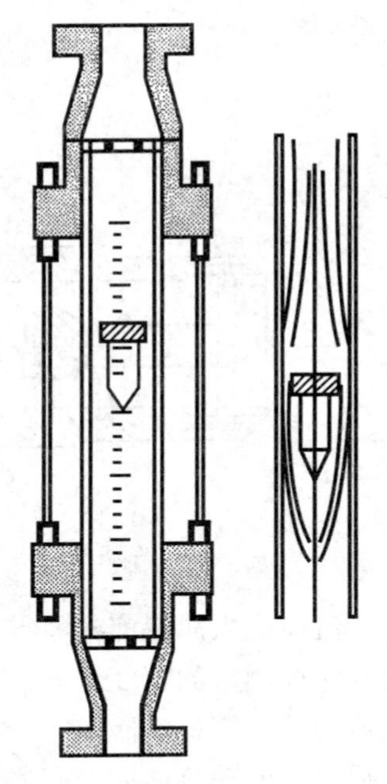

图4－15 转子流量计示意图

当被测流体以一定流速自下而上流过玻璃管壁和转子之间的环隙时，由于转子顶部处的流道截面积小，此处流体流速就大，静压力小；而转子底部处的流道截面积大，此处流体流速就小，静压力大，两者形成的压差托起转子向上移动，直到转子上下两边压差所形成的力与转子的重力相等时，转子便处在一个平衡位置。流量增大时，环隙中流体流速也增大，由此产生的向上托举力的增加打破了原有的力平衡关系，引起转子升高。但同时，环隙的面积也在增加，流体的流速也随之下降，结果又造成托举力的降低，当合力达到新的平衡时，转子将在新的高度停留下来，流体的流量越大，转子停留位置越高，反之就越低。因此，转子停留的高度可作为流量大小的量度。由于流量计的流通截面积（环隙）随转子高度的不同而异，转子稳定不动时上下压力差均相等，所以这种流量计被称为变截面积式流量计。

转子流量计具有结构简单，价格便宜，压力损失小，直观，使用方便等优点，特别适用于小流量的测量，也可用于测量腐蚀性介质的流量。

转子流量计在出厂前，采用20℃水或20℃、1.01×10^{5} Pa的空气进行标定。实际使用过程中，如果被测流体与上述条件不符时，应对刻度进行修正。

对于液体

$$q_V' = q_V\sqrt{\frac{\rho_{浮}-\rho_{液}}{\rho_{浮}-\rho_{液标}}\times\frac{\rho_{液标}}{\rho_{液}}} \tag{4-9}$$

对于气体

$$q_V' = q_V\sqrt{\frac{\rho_{浮}-\rho_{气}}{\rho_{浮}-\rho_{气标}}\times\frac{\rho_{气标}}{\rho_{气}}}\approx q_v\sqrt{\frac{\rho_{气标}}{\rho_{气}}} \tag{4-10}$$

如果将转子流量计的转子与差动变压器可动铁芯连成一体，可以将被测流体的流量数值转换成电信号从而进行远程监控。

使用转子流量计时还应该注意以下几点。

（1）流量计应垂直安装，建议设置旁路。

（2）为防止混入机械杂质，在流量计上游应安装过滤装置。

（3）读取不同形状转子的流量计刻度时，均应以转子最大截面处作为读数基准。

（五）涡轮流量计

涡轮流量计是利用测量管道内流体速度的大小测量流体流量的，属于速度式流量计。如图4－16所示，涡轮式流量计主要由涡轮、导流器、电磁感应转换器、前置放大器和外壳等组成。

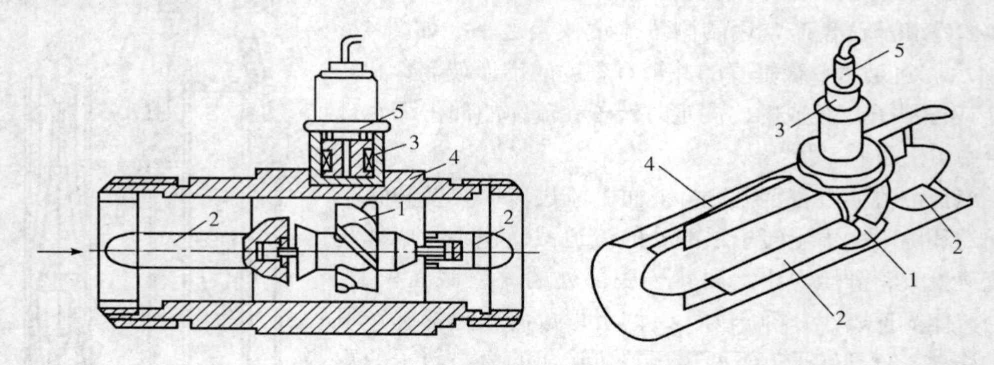

图4－16 涡轮流量计示意图

1－涡轮；2－导流器；3－电磁感应转换器；4－外壳；5－前置放大器

流体进入涡轮前先经导流器稳定导流，避免流体的自旋改变其与涡轮叶片的作用角以保证测定的精度。导流器装有摩擦很小的轴承，用于支撑涡轮。涡轮是用高导磁系数的不锈钢材料制成，叶轮芯上装有螺旋形叶片，当流体流过涡轮流量计时，涡轮叶片因受流动流体冲击而产生旋转，周期性地改变磁电系统的磁阻值，使涡轮上方线圈的磁通量发生周期性变化，因而在线圈内感应出脉冲电信号，经前置放大器放大后，送至显示仪表显示。流体的流速越高，动能越大，叶轮的转速也就越高，在一定测量范围内，脉冲电信号的频率与涡轮叶片的转速成正比，也就是与流量成正比，所以，只要测量出脉冲电信号的频率或由电脉冲转换成的电压电流信号就可以测得流体的流量。

涡轮流量计的优缺点如下。

（1）测量精度高。一般为0.5级左右，在小范围内可达0.1级，在某些场合可作标准流量计使用。

（2）对被测介质的变化反应快。如被测流体为水时，涡轮流量计的时间常数为几毫秒到十几毫秒，因此，可用于脉动流体流量的测量。

（3）流体物性对流量有较大影响。一般随介质黏度的增大，测量范围变窄。新涡轮流量计特性曲线和测量范围都是常温水标定的，当被测流体性质与水相差较大时，可用被测流体对仪表进行重新标定。此外，流体密度对涡轮流量计影响也很大，一般来讲，密度大，测量下限低，灵敏限小，所以这种流量计对大密度流体感度较好。

（4）量程范围宽，不能长期保持校准特性。

使用涡轮流量计的注意事项如下。

（1）被测流体须洁净，以减少对轴承的磨损和防止涡轮被卡死，否则将导致测量精度下降，数据重现性差。安装时，应在变送器前加装过滤装置。

（2）涡轮流量计变送器的流量系数一般在常温下用水标定得到的，当被测流体的密度和黏度发生变化时，应进行重新标定。

（3）变送器必须水平安装，并保证变送器前后有一定长度的平直管段，一般在流量计前后分别留出长度为管内径 10～15 倍和 5 倍以上的直管段，否则会引起变送器的仪表常数变化。

（4）流体的流向应与变送器壳体上所标注的箭头方向相同。

（5）一般工作点最好选在仪表测量范围上限数值的 50% 以上。

（六）湿式流量计

湿式流量计属于容积式流量计，容积式流量计又称排量流量计（positive displacement flowmeter），是利用具有固定容积的机械测量元件把流体连续不断地分割成一个个已知体积的部分并连续不断地排出，然后通过计数器计数单位时间或一定时间间隔内排出流体的固定容积数目而进行流量计量的。

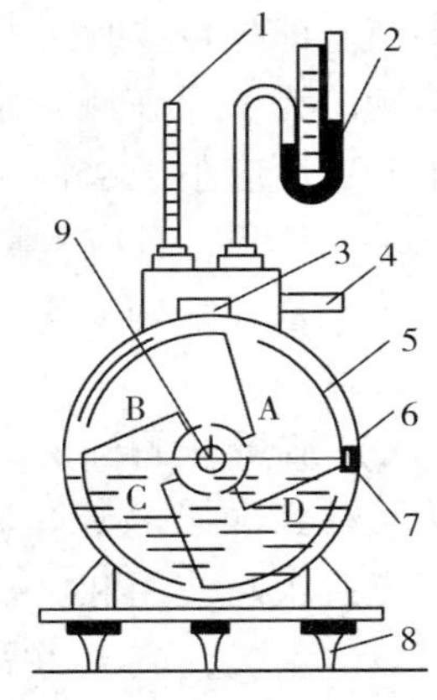

图 4－17　湿式流量计示意图

1－温度计；2－压力计；3－水平仪；4－排气管；5－转鼓；6－壳体；7－水位器；8－可调支脚；9－进气管

湿式流量计的结构示意如图 4－17 所示，在封闭的圆筒形外壳内安装有一由叶片围成的圆筒形转鼓，并能绕中心轴自由旋转。转鼓被设计成 4 个测试气室（A～D），每个气室的内侧壁与外侧壁都有直缝开口（内侧壁开口为计量室进气口，外侧壁开口为计量室出气口）。流量计壳体内盛有约一半容积的水或低黏度油作为密封液体，转鼓的一半浸于密封液中。当转鼓下半部浸于水中时，气体由背部中间的进气口进入 A 室并推动转鼓转动。转动时气室 A 继续升至水面并充满气体，同时，气体又开始进入 B 室，并使其升高，转鼓不断转动，当充满气体的气室回到水中时，水逐渐占据原气室空间，气体则通过螺旋形的气路通道相继由顶部排出。转筒旋转一周，就有相当于 4 倍计量室空间的气体体积通过流量计。所以，只要将转筒的旋转次数通过齿轮机构传递到计数指示机构，就可显示通过流量计的气体体积流量（总量），也可以将转鼓的转动次数转换为电信号作远传显示。

使用湿式流量计时应注意以下几点。

（1）调整地脚螺钉使水准器水泡位于中心，并在使用中要长期保持。

（2）湿式气体流量计的转筒旋转速度不宜过快，故只适合于小流量的气体流量测量，且被测气体不能溶于内部密封液体或与之发生反应。

（3）湿式气体流量计每个气室的有效体积是由预先注入流量计的水面控制的，故使用时必须注水检查水面是否达到预定的位置。

（4）使用中，注意水温和室温相差不超过 2℃，否则需要用热水或冷水调节。

（5）湿式气体流量计在长期不使用时，应将仪表内的蒸馏水放干净。

（6）湿式气体流量计不宜置于过冷室内安装，以免内部结冰。

（7）在正常使用情况下，至少每年检验一次精度。

（七）皂膜流量计

皂膜流量计属于容积式流量计，它主要是由一支带有刻度线的量气管和下端盛有肥皂液（示踪剂）的橡皮球组成，如图 4 – 18 所示。

当被测气体通过皂膜流量计的玻璃量气管时，肥皂液膜在气体的推动下沿着管壁缓慢上升。在一定时间内皂膜通过上下标准体积刻度线的差值，即是在该时间内通过的气体体积。

使用时为了保证测量精度，量气筒内壁应先用肥皂液润湿，同时皂膜上升速度应小于 $4cm \cdot s^{-1}$，读取的量气管体积尽可能大以充分利用量气筒的体积，且应垂直安装。

皂膜流量计结构简单，测量精度高，可作为校准其他流量计的标准流量计使用。

图 4 – 18　皂膜流量计示意图

（八）流量计的标定

为了得到准确的流量测量值，除了要充分了解各流量计的原理、结构特点及正确使用和维护外，还须熟悉流量计的标定和校验。使用中遇到以下情况，应考虑需要对流量计进行标定。①被测流体的性质与流量计标定流体性质不相符合时；②使用长时间放置不用的流量计时；③欲进行高精度测量时；④对测量值产生怀疑时。

流量计的标定就是确定流量计的示值与流体流量间的关系。工程上一般采用容积法和称重法对流量计进行标定。

1. 容积法（体积法）　容积法是一种比较常用的标定方法，代表性装置如图 4 – 19 所示。该法适用于标定被测介质为液体和气体的流量计，但使用的标定工具有所不同。

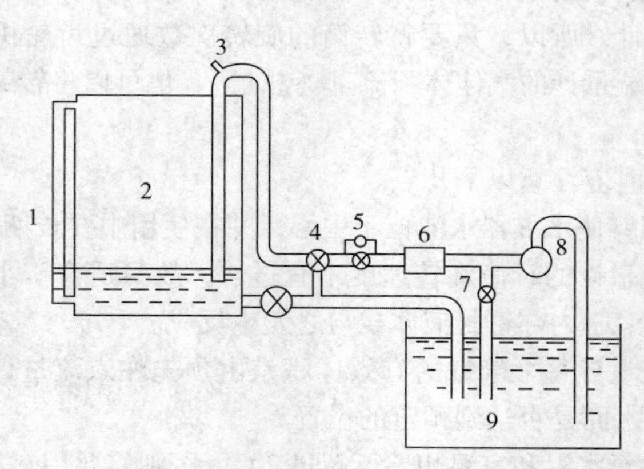

图 4 – 19　容积式流量计校验装置示意图

1 – 读数玻璃管；2 – 标准容器；3 – 通气孔；4 – 停止阀；5 – 流量调节阀；6 – 被校验流量计；7 – 旁路阀；8 – 泵；9 – 储液槽

对于液体流量计，一般采用秒表和标准量筒。具体方法如下。

让流体通过被标定的流量计，使流量计显示一个示值，如转子流量计转子浮升的高度、孔板流量计的压差等。当流量计的示值稳定后，用一容器收集流出的流体，并同时用秒表计时。经过 t 时间后，用标准量筒精确测量 t 时间内流出的流体体积 V，从而可获得流量计在这一示值时的体积流量，即 V/t。然后改变流量，用相同的方法，测定出一定流量范围内不同流量示值所对应的体积流量，最后可得到一条流量计示值与体积流量的关系曲线。

对于气体流量计的标定，一般则采用秒表和标准湿式气体流量计。具体方法是：将待标定的气体流量计与湿式气体流量计串联，先通以一定流量的气体使气体流量计产生一个示值。当流量计示值稳定后，用秒表测出湿式气体流量计表盘指针转过一周或几周的时间 t。假设 t 时间内，气体通过湿式气体流量计的体积示值为 V，则实际的气体体积流量 $V_s = V/t$。然后改变流量，重复上述步骤，测定气体流量计在测量范围内的一系列示值所对应的体积流量，最后也可标绘出一条示值与相应体积流量的关系曲线。

标定气体流量计时，还须注意：必须测定流过被标定流量计和标准器的实验气体的温度、压力、湿度，另外，对试验气体的特性也须了解清楚，如气体是否溶于水。

2. 称重法　称重法主要适用于液体流量计的标定，与容积法基本相同，也是让流体通过流量计并产生一个稳定的示值，在这一示值下，测定 t 时间内流体通过流量计的量。两种方法的主要差别是，容积法测定的是在 t 时间内，通过流量计的流体的总体积量 V，而称重法则是用电子天平称量在 t 时间内通过流量计的流体质量 m。若测量温度下流体的密度为 ρ，则这一示值下流量计的体积流量 $V_s = m/\rho$。用同样的方法，测出在一定范围内的一系列示值所对应的流量，便可得到该流量计示值与流量的关系曲线。

附　录

一、DDS－11A 型电导率仪

DDS－11A 型电导率仪是实验室常用电导率测量仪器，除了能够测量一般液体的电导率外，还可以测量纯水或超纯水的电导率，连接长图自动平衡记录仪还可进行连续记录。

1. 工作原理　在电场影响下，电解质溶液中的带电离子会产生移动而传递电子，具有导电性。因为电导是电阻的倒数，所以可以将两个电极插入溶液中，测出两极间的电阻 R，从而可测量出溶液的电导。根据欧姆定理，温度一定时，电阻值 R 与两极的间距 L 成正比，而与电极的截面积 A 成反比，即 R 正比于（L/A）。将电导电极的两测量电极板平等地固定在一个玻璃罩内，则电极的有效截面积 A 及其间距 L 均为定值。

因为电导 $S=1/R$，所以 S 正比于 A/L，可写成如下等式

$$S=\kappa\left(\frac{A}{L}\right)$$

即

$$\kappa=S\left(\frac{L}{A}\right)$$

式中，A/L 为电极常数；κ 为电导率。

对于溶液来讲，电导率 κ 表示截面积 $1cm^2$，相距 1cm 两个平行电极间溶液的电导，单位是 $S\cdot cm^{-1}$（西/厘米）。因为单位太大，故常采用 10^{-6} 或 10^{-3} 作为单位，即 $\mu S\cdot cm^{-1}$ 或 $mS\cdot cm^{-1}$。

电导率仪的工作原理如图 1 所示，将振荡器产生的一个交流电压源 E 送到电导池 R_x 和量程电阻 R_m 的串联回路中，溶液的电导愈大，R_x 愈小，R_m 获得的电压 E_m 也就越大。将 E_m 送至交流放大器放大，经过信号整流后获得推动表头的直流信号输出，从表头即可直读电导率。因为

$$\frac{E_m}{R_m}=\frac{E}{R_m+R_x}\Rightarrow E_m=\frac{ER_m}{R_m+(L/A_\kappa)}$$

由上式可知，当 E、R_m、A、L 均为常数时，电导率 κ 的变化必将引起 E_m 相应的变化，所以通过测试 E_m 的大小也就测得液体电导率的数值。

2. 测量范围　DDS－11A 型电导率仪测量范围在 $0\sim10^5\mu S\cdot cm^{-1}$，其相当的电导率范围为 $\infty\sim10^7\Omega\cdot cm$，分 12 个量程。其配套的电极可选用 DJS－1 型光亮电极、DJS－1 型铂黑电极和 DJ S－10 型铂黑电极。其中光亮电极用于测量较小的电导率（$0\sim10\mu S\cdot cm^{-1}$），而铂黑电极用于测量较大的电导率（$10\sim10^5\mu S\cdot cm^{-1}$）。因为铂黑电极的表面比较大，可降低电流密度从而减少或消除极化，但用于测量低电导率溶液时，铂黑对电解质有强烈的吸附作用，会出现不稳定现象，此时宜用光亮铂电极。具体选择时可参照表 1。

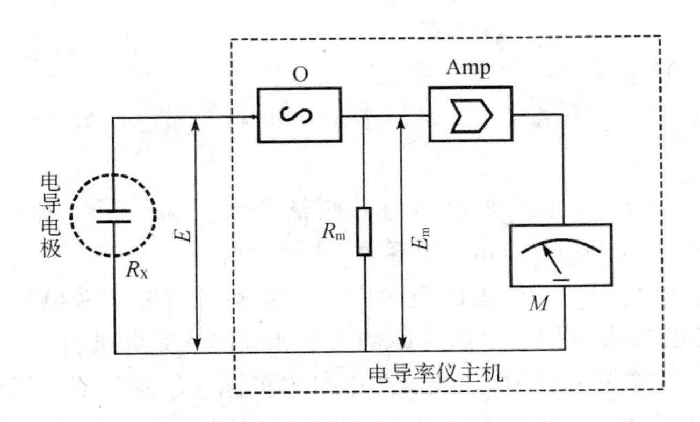

图 1　测量电路原理示意图

表 1　电导率、测量频率与配套电极

量程	电导率	电阻率	测量频率	配套电极
1	0～0.1	$\infty \sim 10^7$	低周	DJS－1 型光亮电极
2	0～0.3	$\infty \sim 3.33\times10^6$	低周	DJS－1 型光亮电极
3	0～1	$\infty \sim 10^6$	低周	DJS－1 型光亮电极
4	0～3	$\infty \sim 333.33\times10^3$	低周	DJS－1 型光亮电极
5	0～10	$\infty \sim 10^5$	低周	DJS－1 型光亮电极
6	0～30	$\infty \sim 33.33\times10^3$	低周	DJS－1 型铂黑电极
7	0～100	$\infty \sim 10^4$	低周	DJS－1 型铂黑电极
8	0～300	$\infty \sim 3.333\times10^3$	低周	DJS－1 型铂黑电极
9	0～1000	$\infty \sim 10^3$	高周	DJS－1 型铂黑电极
10	0～3000	$\infty \sim 333.33$	高周	DJS－1 型铂黑电极
11	0～10000	$\infty \sim 10^2$	高周	DJS－1 型铂黑电极
12	0～100000	$\infty \sim 10$	高周	DJS－1 型铂黑电极

3. 使用方法　图 2 为 DDS－11A 型电导率仪的仪器面板示意图。

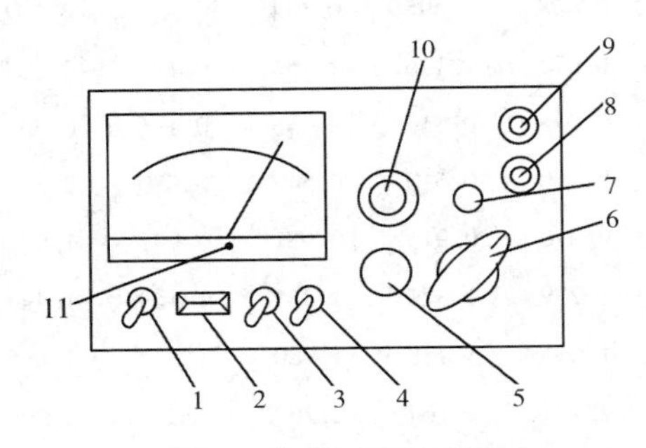

图 2　仪器面板示意图

1－电源开关；2－指示灯；3－高、低周开关；4－校正、测量开关；5－校正旋钮；6－量程选择旋钮；7－电容补偿调节器；8－电极插口；9－电压输出插口；10－电极数调节旋钮；11－校正螺丝

（1）开启电源开关前，应检查表指针是否指零，若不指零，可通过调节校正螺丝

11 使之归零。

（2）将校正、测量开关4拨到“校正”的位置。

（3）接通电源，打开电源开关1，预热5～10min，通过调节校正旋钮5使表针指到满刻度线上。

（4）将高、低周开关3拨到所在位置。测量电导率低于300μS·cm^{-1}的溶液，用高周；测量电导率高于300μS·cm^{-1}的溶液，用低周。

（5）将量程选择开关拨到所需的范围内。如果不知待测溶液电导率大小，可先将量程选择开关6拨到最大量程挡，然后逐档往下调以防止表针被打弯。

（6）将电极常数调节旋钮10调到所用电导电极标注的常数值的相应位置。

（7）将电极插头插入电极插口8，上紧螺丝，用少量待测溶液冲洗电极2～3次。将电极插入待测溶液时，应使电极上的铂片全部浸入待测溶液中。

（8）再次调节校正调节旋钮5，使指针满刻度，将校正、测量开关4拨到“测量”位置，读取表针的指示值，乘以量程选择开关6所指示的倍数，即可得待测溶液的电导率。

测量过程中，应随时检查指针是否在满刻度上。如有变动，立即调节校正调节旋钮5，使指针指在满刻度位置。

（9）测量完毕后，速将校正、测量开关4扳回到“校正”位置，关闭电源开关，并用蒸馏水冲洗电极数次后，放入专备的盒内。

二、铜－康铜热电偶分度表

参考温度：0℃。

温度/℃	0	1	2	3	4	5	6	7	8	9
	热电动势/mV									
-40	-1.475	-1.510	-1.544	-1.579	-1.614	-1.648	-1.682	-1.717	-1.751	-1.785
-30	-1.121	-1.157	-1.192	-1.228	-1.263	-1.299	-1.334	-1.370	-1.405	-1.440
-20	-0.757	-0.794	-1.830	-0.867	-0.903	-0.904	-0.967	-1.031	-1.049	-1.085
-10	-0.383	-0.410	-0.458	-0.495	-0.534	-0.571	-0.602	-0.646	-0.683	-0.720
0	-0.000	-0.039	-0.077	-0.116	-0.154	-0.193	-0.231	-0.269	-0.307	-0.345
0	0.000	0.039	0.078	0.117	0.156	0.195	0.234	0.273	0.312	0.351
10	0.391	0.430	0.470	0.510	0.549	0.589	0.629	0.669	0.709	0.749
20	0.789	0.830	0.870	0.911	0.951	0.992	1.032	1.073	1.114	1.155
30	1.196	1.237	1.279	1.320	1.361	1.403	1.444	1.786	1.528	1.569
40	1.611	1.653	1.695	1.738	1.780	1.822	1.865	1.907	1.950	1.992
50	2.035	2.078	2.121	2.164	2.207	2.250	2.294	2.337	2.380	2.424
60	2.467	2.511	2.555	2.599	2.643	2.687	2.731	2.775	2.819	2.864
70	2.908	2.953	2.997	3.042	3.087	3.131	3.176	3.221	3.266	3.312
80	3.357	3.402	3.447	3.493	3.538	3.584	3.630	3.676	3.721	3.767
90	3.813	3.859	3.906	3.952	3.998	4.044	4.091	4.137	4.148	4.231

续表

温度/℃	0	1	2	3	4	5	6	7	8	9
	热电动势/mV									
100	4.277	4.324	4.371	4.418	4.465	4.512	4.559	4.607	4.651	4.701
110	4.749	4.796	4.844	4.891	4.939	4.987	5.035	5.083	5.131	5.176
120	5.227	5.275	5.324	5.372	5.420	5.469	5.517	5.566	5.615	5.663
130	5.712	5.761	5.810	5.859	5.908	5.957	6.007	6.056	6.105	6.155
140	6.204	6.254	6.303	6.353	6.403	6.452	6.502	6.552	6.602	6.652
150	6.702	6.753	6.803	6.853	6.903	6.954	7.004	7.055	7.106	7.150
160	7.207	7.258	7.309	7.360	7.411	7.462	7.513	7.564	7.615	7.660
170	7.718	7.769	7.821	7.872	7.924	7.975	8.027	8.079	8.131	8.183
180	8.235	8.287	8.339	8.391	8.443	8.459	8.548	8.600	8.652	8.705
190	8.757	8.810	8.863	8.915	8.968	9.021	9.074	9.127	9.180	9.233
200	9.286	9.339	9.392	9.446	9.499	9.553	9.606	9.659	9.713	9.767

三、水的蒸气压

T/℃	mmHg	Pa	T/℃	mmHg	Pa	T/℃	mmHg	Pa	T/℃	mmHg	Pa
0	4.579	610.5	18	15.477	2063.4	36	44.563	5941.2	54	112.51	15000
1	4.926	656.7	19	16.477	2196.8	37	47.067	6275.1	55	118.04	15737
2	5.294	705.8	20	17.535	2337.8	38	49.692	6625.0	56	123.80	16505
3	5.685	757.9	21	18.650	2486.5	39	52.442	6991.7	57	129.82	17308
4	6.101	813.4	22	19.827	2643.4	40	55.324	7375.9	58	136.08	18142
5	6.543	827.3	23	21.068	2808.8	41	58.34	7778.0	59	142.60	19012
6	7.013	935.0	24	22.377	2983.4	42	61.50	8199.3	60	149.38	19916
7	7.513	1001.6	25	23.756	3167.2	43	64.80	8639.3	61	156.43	20856
8	8.045	1072.6	26	25.209	3360.9	44	68.26	9100.6	62	163.77	21834
9	8.609	1147.8	27	26.739	3564.9	45	71.88	9583.2	63	171.38	22849
10	9209	1227.8	28	28.349	3779.6	46	75.65	10086	64	179.31	23906
11	9.844	1312.4	29	30.043	4005.4	47	79.60	10612	65	187.54	25003
12	10.518	1402.3	30	31.824	4242.8	48	83.71	11160	66	196.09	26143
13	11.231	1497.3	31	33.695	4492.3	49	88.02	11735	67	204.96	27326
14	11.987	1598.1	32	35.663	4754.7	50	92.51	12334	68	214.17	28554
15	12.788	1704.9	33	37.729	5030.1	51	92.70	12959	69	223.73	29828
16	13.643	1817.7	34	39.898	5319.3	52	102.90	13611	70	233.7	31157
17	14.530	1937.2	35	41.167	5489.5	53	107.20	14292	71	243.0	32517

续表

T/℃	mmHg	Pa	T/℃	mmHg	Pa	T/℃	mmHg	Pa	T/℃	mmHg	Pa
72	254.6	33944	80	355.1	47343	87	468.7	62488	94	610.90	81447
73	265.7	35424	81	369.7	49289	88	487.1	64941	95	633.90	84513
74	277.2	36957	82	384.9	51316	89	506.1	67474	96	657.62	87675
75	280.1	38544	83	400.6	53409	90	525.96	70096	97	682.07	90935
76	301.4	40183	84	416.8	55569	91	546.05	72801	98	707.27	94295
77	314.1	41876	85	433.6	57808	92	566.99	75592	99	733.24	97757
78	327.3	43636	86	450.9	60115	93	588.60	78474	100	760.00	101325
79	341.0	45463									

四、各种换热方式下对流传热系数的范围

换热方式	传热系数	换热方式	传热系数
空气自然对流	5~25	水蒸气冷凝	5000~15000
气体强制对流	20~100	有机蒸气冷凝	500~2000
水自然对流	200~1000	水沸腾	2500~25000
水强制对流	1000~15000		

五、几种常用混合液的气液平衡数据

1. 常压下乙醇－水的气液平衡数据

液相中乙醇的摩尔分数	气相中乙醇的摩尔分数	液相中乙醇的摩尔分数	气相中乙醇的摩尔分数	液相中乙醇的摩尔分数	气相中乙醇的摩尔分数
0.0	0.0	0.20	0.525	0.65	0.725
0.01	0.11	0.25	0.551	0.70	0.755
0.02	0.175	0.30	0.575	0.75	0.785
0.04	0.273	0.35	0.595	0.80	0.820
0.06	0.340	0.40	0.614	0.85	0.855
0.08	0.392	0.45	0.635	0.894	0.894
0.10	0.430	0.50	0.657	0.90	0.898
0.14	0.482	0.55	0.678	0.95	0.942
0.18	0.513	0.60	0.698	1.0	1.0

2. 常压下乙醇－正丙醇的气液平衡数据

温度 t/℃	液相中乙醇的摩尔分数	气相中乙醇的摩尔分数	温度 t/℃	液相中乙醇的摩尔分数	气相中乙醇的摩尔分数
97.60	0	0	84.98	0.546	0.711
93.85	0.126	0.240	84.13	0.600	0.760
92.66	0.188	0.318	83.06	0.663	0.799
91.60	0.210	0.349	80.59	0.844	0.914
88.32	0.358	0.550	78.38	1.0	1.0
86.25	0.461	0.650			

3. 常压下乙醇－正丁醇的气液平衡数据

温度 t/℃	液相中乙醇的摩尔分数	气相中乙醇的摩尔分数	温度 t/℃	液相中乙醇的摩尔分数	气相中乙醇的摩尔分数
117.60	0.0000	0.0000	95.00	0.3990	0.7495
115.00	0.3450	0.1250	90.00	0.5365	0.8430
112.50	0.0685	0.2285	87.50	0.6160	0.8830
110.00	0.1055	0.3270	85.00	0.7030	0.9169
107.50	0.1450	0.4160	82.50	0.7995	0.9508
105.00	0.1880	0.4960	80.00	0.9080	0.9798
100.00	0.2840	0.6345	78.30	1.0000	1.0000

4. 乙醇－水－苯三元物系在25℃时的平衡组成及其折光率

乙醇	水	苯	n_D^{25}	乙醇	水	苯	n_D^{25}
0.0310	0.0060	0.9630	1.4940	0.0676	0.9319	0.0005	1.4152
0.0630	0.0140	0.9230	1.4897	0.1446	0.8536	0.0018	1.4011
0.0990	0.0190	0.8810	1.4861	0.2002	0.7946	0.0052	1.3976
0.1240	0.0340	0.8430	1.4829	0.2425	0.7481	0.0094	1.3890
0.1670	0.0460	0.7870	1.4775	0.3098	0.6573	0.0329	1.3787
0.2140	0.0680	0.7180	1.4714	0.3622	0.5756	0.0621	1.3700
0.2540	0.0940	0.6520	1.4650	0.3966	0.5007	0.1028	1.3615
0.2960	0.1250	0.5790	1.4575	0.4141	0.4436	0.1423	1.3573
0.3080	0.1340	0.5580	1.4551	0.4177	0.4217	0.1606	1.3520
0.3600	0.2130	0.4270	1.4408	0.4171	0.3393	0.2436	1.3431

六、氨-水系统平衡常数

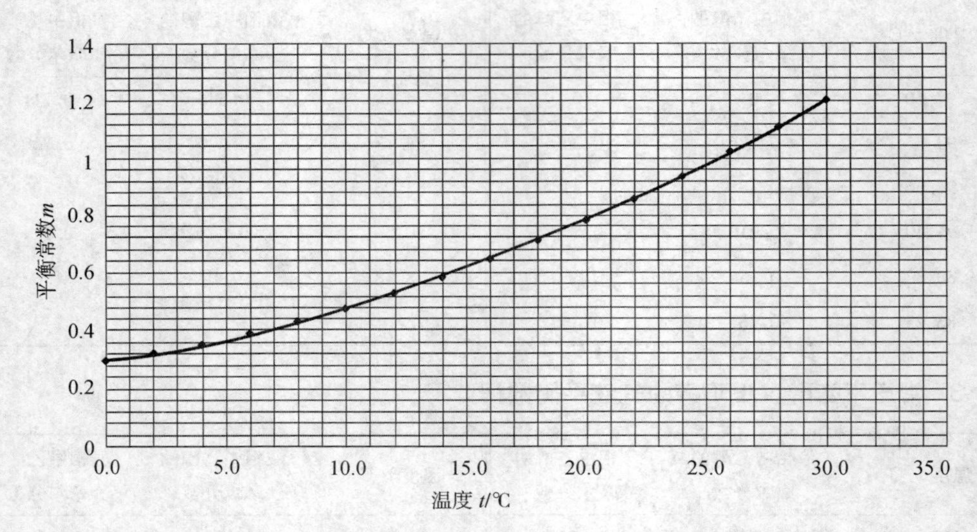

图3 氨-水系统平衡常数 m 与温度 t 间关系曲线

七、湿空气的 $H-I$ 图（$P=101.325\text{kPa}$）

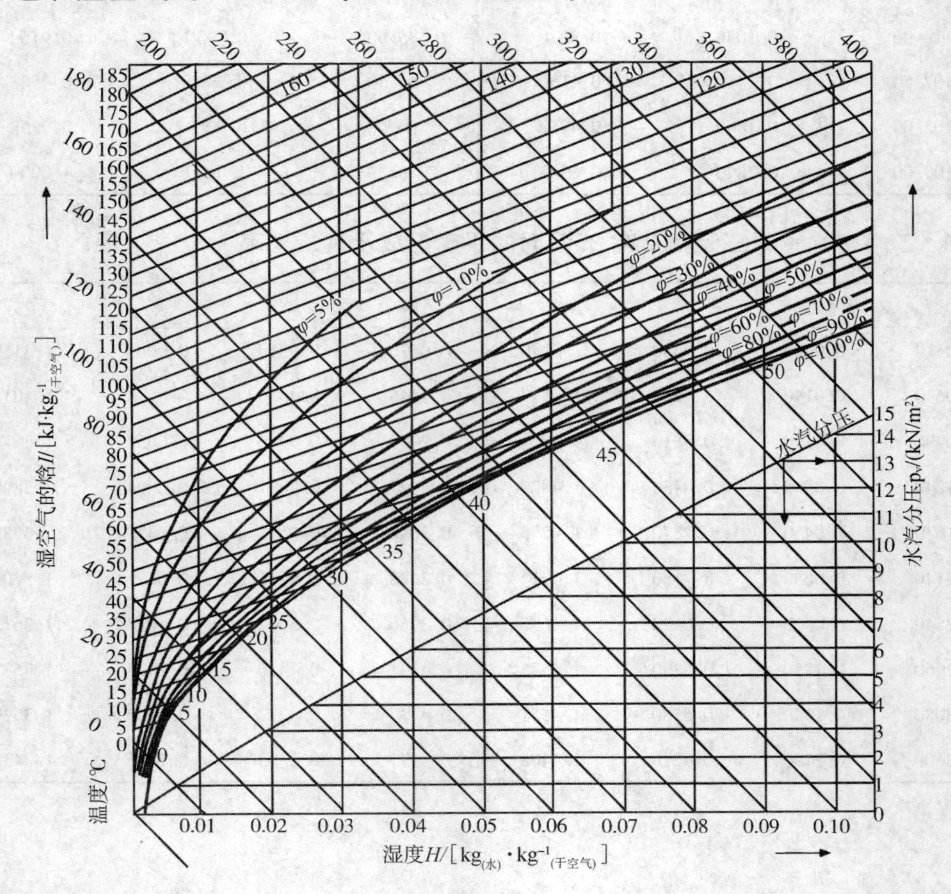

八、常用作超临界流体萃取溶解的流体临界性质

物质	临界压力 P_c/MPa	临界温度 T_c/K
二氧化碳	7.37	304.2
乙烷	4.88	305.2
乙烯	5.04	282.4
丙烷	4.25	369.8
丙烯	4.62	365.0
环乙烷	4.07	553.4
异丙醇	4.76	508.3
苯	4.89	562.1
甲苯	4.11	591.7
对二甲苯	3.52	616.2
氟利昂-13（$CClF_3$）	3.92	302.0
氟利昂-11（CCl_3F）	4.41	471.2
氨	11.28	405.6
水	22.05	647.3

参考文献

1. 何志成．化工原理［M］．北京：中国医药科技出版社，2009.
2. 王志魁．化工原理［M］．北京：化学工业出版社，2011.
3. 赵晓霞，史宝萍．化工原理实验指导［M］．北京：化学工业出版社，2012.
4. 曹贵平，朱中南，戴迎春．化工实验设计与数据处理［M］．上海：华东理工大学出版社，2009.
5. 李德华．化学工程基础实验［M］．北京：化学工业出版社，2008.
6. 武汉大学，等．化工基础实验［M］．北京：高等教育出版社，2005.
7. 马江权．化工原理实验［M］．上海：华东理工大学出版社，2011.
8. 北京大学，等．化工基础实验［M］．北京：北京大学出版社，2004.
9. 郭庆峰，彭勇．化工基础实验［M］．北京：清华大学出版社，2004.